Programas de Condicionamento Extremo:
Planejamento e Princípios

Programas de Condicionamento Extremo: Planejamento e Princípios

Ramires Alsamir Tibana, Ph.D.
Nuno Manuel Frade de Sousa, Ph.D.
Jonato Prestes, Ph.D.

Editora gestora: Sônia Midori Fujiyoshi
Editora: Juliana Waku
Editora de arte: Anna Yue

Capa: Daniel Justi
Imagem da Capa: iStock
Projeto gráfico: Anna Yue
Fotografias do capítulo 7: Marco Oliveira de Souza
Modelo do capítulo 7: Ellionay Sousa de Freitas
Ilustrações: HiDesign Estúdio
Editoração eletrônica: Luargraf Serviços Gráficos

Dados Internacionais de Catalogação na Publicação (CIP)
(Câmara Brasileira do Livro, SP, Brasil)

Tibana, Ramires Alsamir
Programas de condicionamento extremo : planejamento e princípios / Ramires Alsamir Tibana, Nuno Manuel Frade de Sousa, Jonato Prestes. – Barueri, SP : Manole, 2017.

Bibliografia.
ISBN: 978-85-204-5403-9

1. Condicionamento físico 2. Educação física 3. Exercícios físicos 4. Musculação I. Sousa, Nuno Manuel Frade de. II. Prestes, Jonato. III. Título.

17-05781 CDD-613.7

Índice para catálogo sistemático:
1. Condicionamento físico : Educação física 613.7

1ª edição – 2017.
Reimpressão da 1ª edição – 2019; 2ª reimpressão da 1ª edição – 2022

Editora Manole Ltda.
Alameda América, 876
Tamboré – Santana de Parnaíba – SP – Brasil
CEP: 06543-315
Fone: (11) 4196-6000
www.manole.com.br | https://atendimento.manole.com.br/

Impresso no Brasil | *Printed in Brazil*

Agradecimentos

Minha vida se confunde com a similaridade da vida de tantos outros brasileiros, que lutaram contra os abandonos, as perdas e os próprios conflitos internos (por que eu?). A minha árvore genealógica é de migrantes (Nordeste) e imigrantes (Japão) que tiveram esperança de encontrar um lugar onde não haveria guerras, fome, seca, entre tantos outros problemas. Por infelicidade do destino, ela basicamente se reduziu a meus irmãos e minha mãe que, apesar do pouco conforto, nunca deixou que nada nos faltasse.

Por isso, seria ingratidão da minha parte nao dedicar todas as minhas conquistas a ela, que tanto nos serviu, que tanto nos ensinou, que tanto nos amou e, ao mesmo tempo, teve que abdicar de amigos e de sua vida social.

Por esses motivos, esta obra é dedicada a ti, a melhor mãe do mundo!

Ramires Alsamir Tibana

Minha dedicação e paixão pela vida acadêmica só foi possível porque tive professores que me inspiraram ao longo de toda a minha vida. Por isso, não posso deixar de dedicar esta obra a todos eles. Represento-os na figura da minha primeira professora, professora Maria do Rosário, que me ensinou a escrever e muito mais. Durante 4 anos ela me ajudou em toda a minha jornada acadêmica, mesmo inconscientemente. Mestres são para isso! Meu muito obrigado por todas as palavras e ensinamentos. Sempre tive o desejo de a agradecer e acho que encontrei o momento certo.

Agradeço também aos meus pais, Manuel Sousa e Maria Alzira, pelo apoio incondicional em todas as decisões da minha vida, mesmo algumas bem estranhas para uma pessoa que nasceu na Maceirinha. Hoje também posso dizer que tudo deu certo. Por último, agradeço à família que construí do outro lado do Atlântico.

Denise e Nina, esta obra também é de vocês!

Nuno Manuel Frade de Sousa

Primeiramente, agradeço a Deus e aos meus pais, Hedvirges Prestes e Jauri de Oliveira Prestes – tudo que aprendi de correto e de como um ser humano deve se desenvolver em sua integralidade devo aos meus pais. Obrigado pelo apoio incondicional em todas as fases que me fizeram chegar a este momento, que é um dos mais importantes da minha vida, a realização de um sonho. Aos meus queridos irmãos, Danuza Prestes, Janaina Prestes e Lucas Prestes, que também me incentivaram em todos os momentos e dificuldades. Agradeço também a todos os professores que auxiliaram na realização deste livro.

"O verdadeiro mestre não é o que ensina, mas o que inspira."
"O melhor treino é aquele que você ainda não fez."

Jonato Prestes

Autores

Ramires Alsamir Tibana

Graduado em Educação Física (2010). Mestre pelo Programa de Pós-graduação *stricto sensu* da Faculdade de Educação Física da Universidade Católica de Brasília (UCB) – bolsista da CAPES, Modalidades I e II, 2013 – com período sanduíche na Western Kentucky University (Bowling Green – KY). Doutor em Educação Física pelo Programa de Pós-graduação *stricto sensu* da UCB – bolsista da CAPES, Modalidade I, 2017. Realizou visita técnica ao Laboratório de Fisiologia do Exercício da Universidade de Nevada em Las Vegas (2013-2014) (FAPDF). Atualmente, realiza seu Pós-doutorado na Faculdade de Educação Física da Universidade Federal do Mato Grosso (2017-2018). Tem experiência na área de Educação Física, com ênfase em treinamento de força e doenças crônicas degenerativas não transmissíveis, atuando principalmente na investigação das alterações agudas e crônicas do exercício resistido e em programas de condicionamento extremo.

Nuno Manuel Frade de Sousa

Graduado em Ciências do Desporto e Educação Física pela Faculdade de Desporto e Educação Física da Universidade de Coimbra (Portugal) em 2005. Especialista em Fisiologia do Exercício pela Universidade Gama Filho em 2008. Mestre (2010) e Doutor (2013) em Ciências pela Universidade de São Paulo (USP). Membro do Conselho Científico do Centro de Investigação do Desporto e da Actividade Física da Faculdade de Ciências do Desporto e Educação Física da Universidade de Coimbra (Portugal). Docente dos cursos de graduação em Educação Física e Fisioterapia da Faculdade Estácio de Vitória (ES). Tem experiência na área de Educação Física, com ênfase em treinamento físico e doenças crônicas degenerativas não transmissíveis. Atualmente, utiliza o CrossFit como linha de pesquisa, investigando os efeitos agudos e crônicos do CrossFit em diferentes sistemas do organismo.

Jonato Prestes

Graduado em Educação Física pela Universidade Estadual de Maringá (2002). Especialista em Treinamento Desportivo pela Universidade Estadual de Maringá e Mestre em Educação Física pela Universidade Metodista de Piracicaba (2006). Doutor em Ciências Fisiológicas pela Universidade Federal de São Carlos. Pós-doutor pela Western Kentucky University. Bolsista de Produtividade em Pesquisa nível 2. Professor dos cursos de mestrado e doutorado em Educação Física da Universidade Católica de Brasília (UCB).

Colaboradores

Gabriel Veloso Cunha

Aluno de graduação em Medicina pela Universidade Católica de Brasília (UCB). Membro discente da Academia Brasileira de Neurologia, filiada à World Federation of Neurology. Bolsista de Iniciação Científica no Programa de Pós-graduação em Educação Física da UCB, avaliando as repercussões epigenéticas transgeracionais do treinamento de *endurance* paterno no risco cardiovascular, *performance* esportiva e metilação global de DNA das proles.

Mariana de Oliveira Lobo

Aluna de graduação em Medicina pela Universidade Católica de Brasília (UCB). Tem experiência didático-pedagógica nas áreas de Patologia Clínica, Cardiologia e Oftalmologia. Atua também nas áreas de pesquisa de Arte Médica, Geriatria e Gerontologia. Atuou como membro voluntário em Projeto de Iniciação Científica de Pós-graduação em Educação Física da UCB (2015), em projeto com ênfase na área de Treinamento de Força e Parâmetros cardiometabólicos. Atualmente, é bolsista de Iniciação Científica no Programa de Pós-graduação em Educação Física da Universidade Católica de Brasília (PIC/UCB – 2016), na linha de pesquisa sobre treinamento de força, efeitos epigenéticos transgeracionais paternos sob os parâmetros de *performance* física e características endocrinometabólicas das proles.

Sumário

Prefácio

Os primeiros registros históricos de treinamento de força pertencem a Mílon de Crotona, um lutador grego e vencedor olímpico do século VI a.C., que ficou famoso por carregar um jovem bezerro nos seus ombros todos os dias até que o bezerro se tornasse um touro maduro. Assim, talvez não seja surpreendente que os programas de treinamento de força geralmente sigam esse modelo, adicionando sequencialmente mais e mais carga.

Entretanto, esse tipo de programa isola ou tem como alvo apenas alguns músculos em planos específicos de movimentos, estressando cronicamente as mesmas articulações e o tecido conectivo. Enquanto isso é perfeitamente adequado para curtos períodos de tempo, quando repetido de forma crônica deixa o corpo mais vulnerável e susceptível a lesões. Assim, cientistas do exercício e profissionais do *fitness* começaram a investigar métodos de treinamento alternativos que poderiam maximizar adaptações agudas de maneira crônica.

O endocrinologista János Hugo Bruno "Hans" Selye conduziu trabalhos pioneiros sobre estressores biológicos na década de 1930 e descreveu a síndrome de adaptação geral, que ocorre em três estágios: alarme de um novo estresse fisiológico, resistência ao estresse e recuperação ou exaustão ao estresse. Quando aplicado ao modelo de treinamento de força, a teoria sugere que a inclusão do descanso e a variação de exercícios podem permitir adaptações musculares ótimas e evitar a má adaptação e o *overtraining*, que podem ocorrer com o estresse muscular crônico.

Como resultado, os modelos de treinamento de força que incorporam a periodização tornaram-se os favoritos. A periodização, definida classicamente, é um plano de treinamento que gerencia a fadiga e a acomodação pela variação criativa dos métodos de treinamento e volumes de cargas de forma lógica. Estes são geralmente aplicados em ciclos (ou intervalos) programados em macrociclos, mesociclos e microciclos. Além disso, os ciclos geralmente progridem de altos volumes para altas intensidades de treinamento. A periodização é amplamente considerada pelos profissionais da ciência do esporte em todo o mundo como o método mais adequado para o desenvolvimento da *performance* máxima em atletas e indivíduos treinados de forma recreacional.

Uma tendência global em crescimento é a incorporação de conceitos de periodização em programas de condicionamento extremo. Infelizmente, se aplicada incorretamente, essa prática pode resultar em *overtraining* semelhante ou até pior do que é visto em programas tradicionais de treinamento de força. Dessa forma, é importante que indivíduos interessados nesse tipo de programa sigam pareceres cientificamente sólidos, como as informações encontradas neste livro. Os autores deste livro são destaque internacional para os avanços científicos no campo da periodização em treinamento de força. Estou confiante que, se aplicados adequadamente, os conceitos abordados neste livro irão permitir ao leitor atingir a sua *performance* máxima.

James W. Navalta, PhD
Universidade de Nevada, Las Vegas

Foreword

The recorded history of resistance training dates back to Milo of Croton, a Greek wrestler and Olympic victor from the 6th century BC, who was famed for carrying a young calf on his shoulders each day until it was a fully-grown bull. So it is perhaps not surprising that traditional resistance-training programs generally followed this model, by sequentially adding more and more resistance.

However, this type of program targets or isolates only a few muscles in specific planes of motion, thus chronically stressing the same joints and connective tissue. While this is perfectly fine acutely for short periods of time, when repeated in a chronic fashion over time, it opens up the body to be more susceptible and vulnerable to injury. Thus, exercise scientists and fitness professionals began to investigate alternative training methods that could maximize acute adaptations over a chronic period.

An endocrinologist by the name of János Hugo Bruno "Hans" Selye pioneered early work on biological stressors in the 1930's and described the general adaptation syndrome that occurs in three stages: alarm from a new physiological stress, resistance to the stress, and either recovery from or exhaustion to the stress. When applied to a resistance-training model, this theory suggests that the inclusion of rest and variation of exercises can allow for optimal muscular adaptation while avoiding the maladaptation and overtraining that can occur with chronic muscular stress.

As a result, resistance-training models that incorporated periodization became preferred. Classically defined, periodization is a training plan that manages fatigue and accommodation by the creative variation of training methods and volume loads in a logical manner. These are generally applied on a cyclic (or periodic) schedule in macrocycles, mesocycles, and microcycles. Additionally, these cycles usually progress from high volume to high intensity workloads. Periodization is widely considered by exercise science professionals worldwide to be the superior method for developing peak performance in athletes and recreationally trained individuals.

An increasing global trend is to incorporate periodization concepts into extreme conditioning programs. Unfortunately, if applied incorrectly this practice can result in similar or worse overtraining and injury as has been seen with traditional resistance-training programs. Therefore, it is important that interested individuals follow scientifically sound advice, such as the information that is found within these pages. The authors of this text are leading contributors to the scientific advances specifically in the field of periodized resistance exercise. I am confident that if applied appropriately, the concepts within this book will allow the reader to achieve their peak performance.

James W. Navalta, PhD
University of Nevada, Las Vegas

CAPÍTULO 1

Programas de condicionamento extremo: riscos *versus* benefícios

Ramires Alsamir Tibana
Gabriel Cunha
Mariana Lobo
Nuno Manuel Frade de Sousa

OBJETIVOS

- Definir os programas de condicionamento extremo.
- Comparar a incidência e a prevalência de lesões nos programas de condicionamento extremo com outras modalidades esportivas.
- Entender o que é a rabdomiólise.
- Compreender as respostas e as adaptações fisiológicas decorrentes dos programas de condicionamento extremo.
- Explicar os benefícios oriundos dos programas de condicionamento extremo.

Introdução

Os programas de condicionamento extremo (p. ex., CrossFit, Insanity, Gym Jones e outros) são caracterizados por alto volume de treinamento, usando uma variedade de exercícios realizados em alta intensidade e, muitas vezes, com um tempo fixado para realizar um número de repetições ou realizar uma tarefa específica no menor tempo possível, sem ou com curtos períodos de descanso entre as séries. Há diversos esportes e atletas relacionados com treinamento de força e programas de condicionamento extremo. Entre os programas, está o CrossFit, que é um programa de condicionamento físico e metabólico bem comercializado e popularizado que continua a gerar um crescente interesse e entusiasmo entre atletas, militares e na população em geral. Entretanto, o aumento de sua aceitação é reforçado por relatórios anedóticos de ganhos em aptidão física e desempenho[1].

O CrossFit é um método de treinamento novo, definido como: "exercícios funcionais, constantemente variados, realizados em alta intensidade"[2]. De acordo com Glassman[3], o CrossFit é um programa de treinamento criado para "adquirir uma aptidão ampla, geral e inclusiva que melhor preparará os praticantes para qualquer contingência física". Esse modelo de treinamento foi criado em 1995 e formalmente instituído no ano 2000 por Greg Glassman, um ex-ginasta e treinador da região de Santa Cruz, Califórnia (Estados Unidos).

As sessões de treinamento geralmente são divididas em três partes: treinamento de força e potência, elementos gímnicos e condicionamento metabólico; juntos, esses componentes constituem o WOD, sigla em inglês de *workout of the day* que significa treinamento do dia (Tabela 1). O treinamento de força e potência compreende exercícios que utilizam cargas externas que incluem os exercícios básicos, como agachamento (frontal, posterior e de arranco), supino reto e o levantamento terra, movimentos do levantamento olímpico (LPO), como arranco, arremesso fases 1 e 2 e outros exercícios, como *overhead press*, *kettlebells*, *sandbags*, *medicine balls* etc. O treinamento de elementos gímnicos compreende os exercícios que utilizam o peso corporal projetado para melhorar o controle corporal e incluem, por exemplo, agachamento corporal, *push-ups*, *pull-ups*, subida de corda, paralelas na barra ou argolas. Por último e

Tabela 1 Exemplo de um WOD

	Intensidade	Intervalo de recuperação	Séries	Repetições
1. Mobilidade				
Região superior do corpo	–	2 minutos	5	20
2. Levantamento olímpico				
Técnica de arranco	Barra ou bastão	2 minutos	5	3
Arranco	75% de 1 RM	2 minutos	5	3
3. Exercícios básicos				
Agachamento posterior	75% de 1 RM	2 minutos	5	5
4. Ginástica				
Muscle up	–	2 minutos	5	7
5. Condicionamento metabólico				
Fran (realizar no menor tempo possível)	*Thruster* – 40 kg	–	–	–

1 RM: 1 repetição máxima; Fran: é um dos exercícios de referência do CrossFit, sendo o *benchmark* mais comumente usado para testar o progresso na modalidade; *Thruster:* exercício combinado de agachamento frontal + desenvolvimento frontal; WOD: *workout of the day*.

geralmente realizado no final da sessão de treino (isto não é uma regra), está o condicionamento metabólico, que inclui os exercícios aeróbios comuns, como corrida, remo, pulo de corda simples ou duplo, e até mesmo nadar ou andar de bicicleta. Esses exercícios são mesclados com movimentos ginásticos e com os exercícios de força e potência e realizados de forma rápida, com elevado número de repetições e limitado tempo de recuperação, em formato de circuito[2,4-6].

O CrossFit é um dos programas de condicionamento extremo que mais crescem em número de adeptos. Em 2005, eram apenas 49 academias conveniadas no mundo; esse número cresceu para 13 mil academias conveniadas em 2017 (Crossfit.com). No Brasil, já são 707 ginásios (comumente denominados como *boxes*), com aproximadamente 80 mil praticantes, sendo considerado o terceiro país no mundo em número de ginásios (Figura 1). A atividade, por seu caráter motivacional e desafiador, vem ganhando milhões de seguidores. A adesão a esse tipo de exercício físico é bastante elevada, desde indivíduos aparentemente saudáveis até mesmo populações de obesos[7] ou, como tenta ser popularizado pela marca, em populações com necessidades especiais.

O CrossFit, classificado como um programa de condicionamento extremo, sempre suscita preocupações na sociedade e em futuros atletas em relação à probabilidade de lesão ou doenças, como a rabdomiólise. Assim, é importante

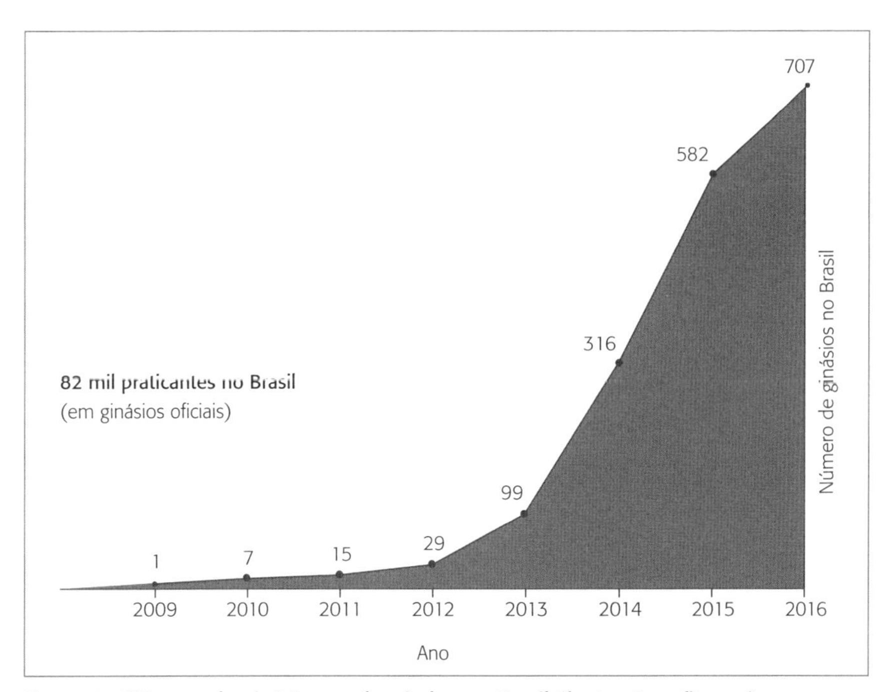

Figura 1 Número de ginásios credenciados no Brasil (fonte: Crossfit.com).

realizar uma abordagem da literatura referente a essa temática com o objetivo de esclarecer *coaches* e atletas acerca de lesões e doenças em programas de condicionamento extremo e, mais especificamente, no CrossFit.

Prevalência e incidências de lesões

O termo prevalência representa o número de indivíduos em uma população (grupo) que exibe, por um lado, o resultado de interesse em um determinado período. Por outro lado, "incidência" fornece medida da taxa em que as pessoas sem uma condição a desenvolvem (número de novos casos) em um intervalo de tempo especificado (por exemplo, um ano). Para examinar as taxas de incidência, é necessário o tempo total de exposição para a condição, não apenas o total de pessoas "lesionadas", como é realizado com as taxas de prevalência. Um problema do uso da prevalência pode ser fornecer o número de casos existentes de uma condição (p. ex., 50 indivíduos dos 100 lesionaram-se em programas de condicionamento extremo [50%]), por outro lado, as taxas de incidência indicam a medida real (14 em mil horas de treinamento).

Um exemplo prático foi reportado no estudo de Parkkari et al.[8], no qual se compararam prevalências e incidências de lesões entre diferentes atividades físicas, e as que apresentaram maior prevalência foram atividades como jardinagem, caminhada e reparo doméstico. Por que isso aconteceu? Por serem praticadas tantas vezes ao longo da análise. Mas, quando analisada a taxa de incidência, essas foram as atividades que apresentaram as menores taxas (número de ocorrência por horas de prática). Com base nessas constatações, é importante analisar sempre a taxa de incidência em vez da prevalência para efeito comparativo entre modalidades esportivas.

A essa altura, torna-se necessária uma melhor compreensão do que vem a ser uma lesão. De acordo com o *Novo Aurélio Dicionário da Língua Portuguesa*, pode ser entendida como qualquer doença ou moléstia de um corpo. Uma pancada, contusão ou equimose ou, ainda, um prejuízo ou dano. Isso vai ao encontro do conceito adotado por diferentes autores, como Montalvo et al.[9], que definem lesão como todo dano físico, que pode resultar em perda ou modificação das atividades diárias ou do programa de treinamento físico de um indivíduo. Moran et al.[10] a relatam como uma queixa física sustentada durante o treinamento de CrossFit e que resultou em um participante incapaz de completar suas atividades. Weisenthal et al.[11] a descreveram como dor, sentimento ou injúria musculoesquelética resultante de um treino de CrossFit que levou a pelo menos uma das seguintes situações: suspensão total do CrossFit ou outra atividade física por mais de uma semana, modificação da duração normal de treinamento, intensidade ou modo por tempo maior que duas semanas ou uma queixa física grave o suficiente para exigir uma visita a um profissional de saúde. Por fim, Hak et al.[12] propuseram que lesão era qualquer coisa que impedisse o indivíduo de treinar, trabalhar ou competir em qualquer forma e por qualquer período de tempo. O Capítulo 5 aborda de forma mais detalhada a categorização dos contextos e os conceitos de lesões ou doenças no esporte, oferecendo uma visão mais detalhada sobre o tema.

Nesse contexto, alguns autores, como Grier et al.[13], ainda subdividem as lesões conforme suas variedades de causas/características em três grupos principais: lesões por uso excessivo (microtraumas repetitivos, fraturas, reação de estresse, tendinites, torções e dor musculoesquelética); lesões traumáticas (resultantes de força súbita ou de forças aplicadas sobre o corpo) e lesões globais (número total de lesões).

Em média, as lesões mais frequentes em programas de condicionamento extremo, especificamente o CrossFit, dentre os autores estudados que as citaram, foram as localizadas: no ombro, em primeiro lugar; na coluna vertebral, especialmente na região lombar, em segundo lugar; em seguida, braço e cotovelo; mão e punho; joelho; quadril e coxa; tornozelo; pescoço e peitoral e, por fim, pé (Figura 2). A maior prevalência de lesões no ombro pode ser explicada pela sua frequente submissão a hiperflexão, rotação interna e abdução, colocando-o em uma posição de risco[12]. Embora a incidência das lesões seja maior sobre o aparelho locomotor, relatam-se lesões não apenas no sistema musculoesquelético, por exemplo, o descolamento de retina e a dissecção de carótida[14,15].

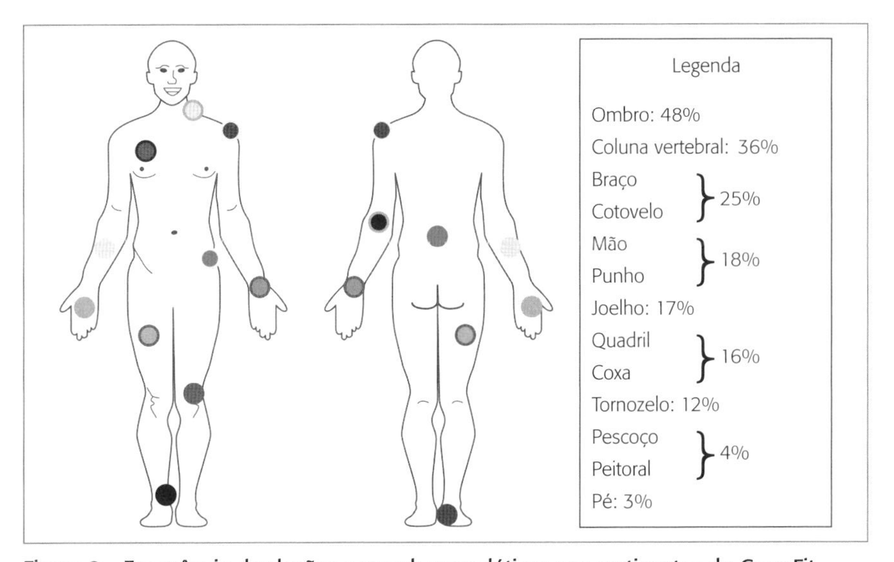

Figura 2 **Frequência das lesões musculoesqueléticas em praticantes de CrossFit.**

Grier et al.[13] analisaram a prevalência de lesões em combatentes norte-americanos após a implementação do CrossFit nas rotinas de preparação física antes e após seis meses. De forma interessante, os pesquisadores concluíram que tanto em praticantes como em não praticantes houve uma prevalência de lesões de aproximadamente 12%. As principais razões para tais lesões foram baixa aptidão cardiorrespiratória, sobrepeso/obesidade e tabagismo. Além disso, foi observado que os combatentes (praticantes ou não de CrossFit) que já tinham o hábito de praticar treinamento de força apresentavam menor incidência de lesões. Mais do que a prevalência, Hak et al.[12] determinaram a incidência de lesões em atletas de CrossFit por meio de um questionário *online*. Os autores observam uma taxa de lesão de 3,1 por 1.000 horas de treinamento. Recentemente, Keogh e Winwood[16] analisaram a epidemiologia de lesões em diferentes esportes de força. Os resultados encontrados pelos pesquisadores demonstraram que os fisiculturistas tiveram a menor taxa de lesões (0,24-1 lesões por 1.000 horas), e os competidores do Strongman (4,5-6,1 lesões por 1.000 horas) e do Highland Games (7,5 lesões por 1.000 horas) tiveram as maiores taxas de lesões. Em relação ao CrossFit, a taxa de lesões foi menor que a dos atletas do Strongman e do Highland Games. Além disso, quando comparadas todas as modalidades de força, a taxa de lesões foi de aproximadamente 1 a 2 por atletas/ano e 2 a 4 lesões por 1.000 horas de treino/competições. Já em esportes como o futebol, rúgbi e críquete, as taxas de lesões são de 15 a 81 por 1.000 horas de treino/competições.

Por fim, Moran et al.[10] acompanharam 117 praticantes de CrossFit durante 12 semanas e analisaram a incidência de lesões por 1.000 horas de prática. Os resultados demonstrados pelos autores foram de 2,1 lesões por 1.000 horas de prática, que são similares aos estudos de Hak et al.[12], Giordino e Weisenthal[17] e Montalvo et al.[9], que reportaram incidências de 3,1, 2,4 e 2,3, respectivamente (Figura 3). Além disso, os autores tentaram utilizar o método FMS (*Functional Movement Systems*) como preditor de lesões, mas, infelizmente, não encontraram boas relações. Outras revisões publicadas recentemente sobre lesões no CrossFit encontraram resultados similares[18,19]. Klimek et al.[19] vão mais longe e afirmam que a taxa de lesões no CrossFit é comparável ou até menor que a outras formas comuns de exercício físico ou mesmo treinamento de força. Dessa forma, quando analisada a incidência de lesões por 1.000 horas de prática, a do CrossFit é menor que a de esportes como rúgbi, futebol, voleibol, judô e tênis (Figura 3). Entre os esportes com características de força e potência, o CrossFit não apresenta maiores taxas de lesões.

Diversos fatores estão relacionados a maior ou menor grau de incidência das lesões (Figura 4). Weisenthal et al.[11] encontraram uma incidência significativamente maior de lesões relacionadas ao CrossFit em homens *versus* mu-

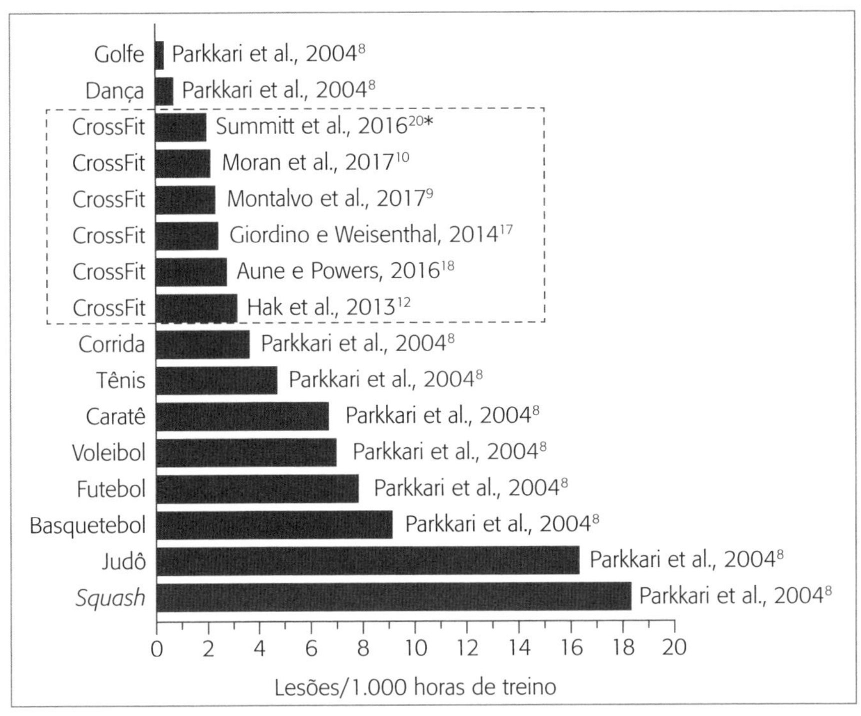

Figura 3 Análise da incidência de lesões por 1.000 horas de treinamento em diferentes modalidades esportivas. * Incidência de lesões observada apenas no ombro.

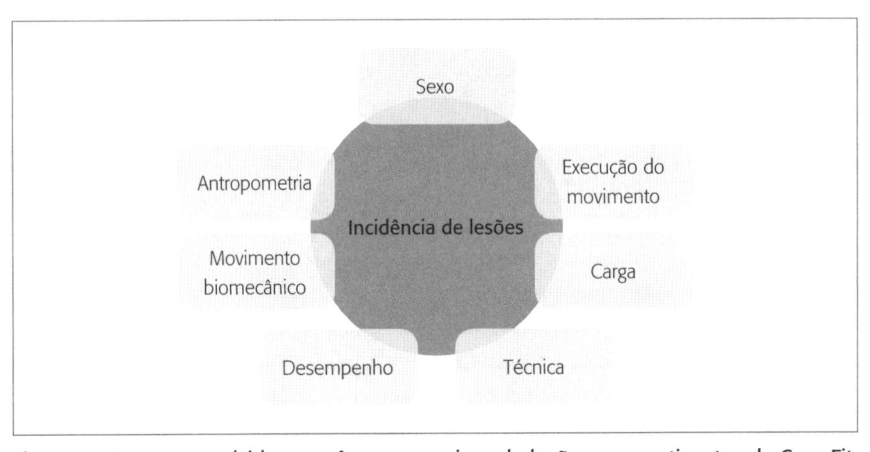

Figura 4 Fatores envolvidos na gênese e no risco de lesões nos praticantes de CrossFit.

lheres e, entre as explicações para tal diferença, está a maior procura por auxílio dos treinadores de CrossFit por parte das praticantes do sexo feminino. Fatores como utilização de carga adequada, execução correta dos padrões de movimento e priorização da técnica e não do desempenho a ser alcançado são citados por diferentes autores como elementos importantes para a taxa reduzida de lesões em mulheres.

Para Montalvo et al.[9], maior volume de treino e maiores estatura e massa corporal foram relacionados a maior incidência de lesões, sendo essas, provavelmente, as geradoras de um aumento da carga utilizada durante as rotinas de treinamento. Winwood et al.[21] mostraram que homens mais fortes e pesados relataram incidência significativamente maior de lesões que homens fortes e leves. Dessa maneira, maior estatura pode estar relacionada a maiores sobrecargas articulares e, consequentemente, aumento do risco de lesão decorrente da força muscular e não da antropometria *per se*[9].

Diferentemente do que ocorre com o quesito sexo, as diferentes faixas etárias não apresentam variação significativa de risco de lesões entre si. Isso indica que, em um ambiente seguro e com o devido acompanhamento técnico, o programa de treino CrossFit pode funcionar adequadamente para os atletas em todas as faixas etárias[11]. É válido ressaltar a importância de se conhecer as possíveis complicações desse programa para melhor esclarecimento dos participantes, que muitas vezes conhecem apenas seus benefícios. Assim, sob a estrita supervisão de um instrutor e após a familiarização com as rotinas do CrossFit, pode-se aumentar gradativamente a intensidade do treinamento, conforme a capacidade de cada indivíduo[16,22].

Rabdomiólise

A rabdomiólise é definida como o conjunto de sintomas clínicos e achados laboratoriais decorrentes do extravasamento de conteúdos intracelulares de miócitos para a corrente sanguínea, em especial eletrólitos, mioglobina e proteínas sarcoplasmáticas[23]. Geralmente, ela se manifesta com fraqueza de membros, mialgia, edema e mioglobinúria[24]. A ocorrência de insuficiência renal indica pior prognóstico. Os mecanismos envolvidos na patogênese são principalmente agressão direta às fibras musculares (p. ex., traumas e intoxicações) e depleção de adenosina trifosfato, a qual propicia desequilíbrio iônico intracelular e o consequente desencadeamento de mecanismos citotóxicos[25,26].

Quadros de rabdomiólise podem ocorrer após atividades físicas vigorosas, como percursos com obstáculos, triatlo, treinamentos militares e sessões de levantamento de pesos[27]. É uma resposta relativamente comum a exercícios extenuantes e prolongados. A insuficiência renal aguda é a principal complicação associada à rabdomiólise[28], uma vez que conteúdos intracelulares liberados pelo rompimento de fibras musculares são filtrados pelos glomérulos, levando à injúria renal por diferentes mecanismos, como obstrução tubular mediante precipitação, vasoconstrição e lesão do epitélio tubular por radicais livres[25].

Embora haja grande déficit de levantamentos epidemiológicos pertinentes, sua prevalência global aparenta ser subestimada. Calcula-se que seja responsável por 7 a 10% dos casos de insuficiência renal aguda nos Estados Unidos. A mortalidade decorrente da rabdomiólise é dependente de causa, estado prévio de saúde e acesso ao tratamento, sendo estimada entre 2 e 46%[25]. A liberação de conteúdos intracelulares pode desencadear consequências clínicas de altas morbidade e mortalidade, como arritmias cardíacas, isquemia muscular por síndrome compartimental e insuficiência renal aguda. O tratamento depende do grau de lesão, podendo se limitar à terapia de hidratação intravenosa associada a acompanhamento clínico, bem como incluir procedimentos emergenciais de alta complexidade, como a diálise, ou invasivos, como a fasciectomia[29]. Os pacientes hospitalizados são mais comumente homens, com idade média de 26 anos, e o tempo médio de internação oscila em torno de quatro dias[30].

Apesar de mais frequente em praticantes que realizam treinamentos de altíssima intensidade, sem experiência prévia com a modalidade ou sem acompanhamento profissional, existem diversos relatos da ocorrência da síndrome em exercícios moderados[31] e em praticantes experientes[32]. Uma vez que casos de rabdomiólise já foram relatados mesmo após caminhadas[33], é uma realidade ainda mais provável para atletas adeptos a programas de moderada a alta intensidade. O acompanhamento do exercício deve ser realizado por um profissional capacitado para o programa de treinamento em questão, uma vez que são encontrados relatos na literatura em que a síndrome foi precipitada pelo próprio instrutor ao induzir os alunos a ultrapassarem demasiadamente seus limites[34].

Indivíduos com quadros recorrentes de rabdomiólise devem sempre levantar a suspeita de miopatias metabólicas, geralmente associadas à cascata da betaoxidação de ácidos graxos[35]. Entretanto, esse não é o contexto mais comum. O quadro típico diz respeito a um praticante que, apesar de hígido, foi submetido a um ou mais fatores que reduziram o limiar de lesão da musculatura esquelética[36]. A literatura biomédica revela que as causas de base dos relatos de caso publicados incluem fenômenos extremamente comuns no cotidiano (Tabela 2).

Em decorrência do alto volume e da intensidade, associados a pequenos intervalos de descanso, os programas de condicionamento extremo possuem um perfil favorável à ocorrência de eventos como a rabdomiólise. As poucas informações disponíveis na literatura versam especificamente sobre o CrossFit, de forma que têm sido relatados alguns casos de rabdomiólise (Tabela 3) e até mesmo dissecção carotídea em decorrência do treinamento[42].

Tabela 2 Principais causas de base associadas à rabdomiólise induzida por exercício encontradas nos relatos de caso publicados na literatura

Uso de antidepressivos (Snyder e Kish, 2016)[37]	Abuso de álcool (Zajaczkowski et al., 1991)[40]
Uso de aceleradores de queima de gordura (Hannabass e Olsen, 2016)[38]	Infecção viral recente (coxsackie b) (Marinella, 1998)[41]
Distúrbios endócrinos associados à tireoide (Kim et al., 2012)[39]	Não adaptação do volume e intensidade após períodos de destreinamento agudos (Pearcey et al., 2013)[26]

Nesse sentido, reitera-se a necessidade da manutenção de uma rotina de treinos executada e periodizada de maneira adequada e específica à capacidade física do praticante. Tendo em vista a frequência da rabdomiólise, seu tempo de hospitalização, a potencial necessidade de procedimentos hospitalares de risco e seu caráter evitável, torna-se fundamental o acompanhamento profissional qualificado para a prática segura.

Tabela 3 Relatos da ocorrência de rabdomiólise em programas de condicionamento extremo

Estudo	Modalidade	Paciente(s)	Desfecho
Aynardi e Jones, 2016[43]	*Cross-training*	Mulher, 42 anos, IMC normal, praticante regular de treinamento de força nos dez anos anteriores	Ocorrência simultânea de rabdomiólise e síndrome compartimental 72 horas após treinamento intenso de *cross-training*. Tratamento hospitalar bem-sucedido por meio de infusão volêmica agressiva e fasciotomia bilateral de membros superiores
Lozowska et al., 2015[27]	CrossFit	Seis pacientes previamente hígidos, cinco dos quais eram mulheres. Três em seu primeiro contato com a modalidade e outros três praticantes com experiência de meses a anos	Relato de seis casos de rabdomiólise associada à prática de CrossFit. Foi demonstrado que o quadro pode ocorrer em iniciantes e também em praticantes experientes
Larsen e Jensen, 2014[44]	CrossFit	Mulher, 35 anos, relatada com boa aptidão física e experiência na modalidade	Início dos sintomas três dias após treino atipicamente intenso. Foi hospitalizada com edema e síndrome álgica em ambos os membros superiores, bem como redução da força e amplitude de movimento

IMC: índice de massa corporal.

Respostas fisiológicas

Já foi demonstrado que treinamentos de alta intensidade podem levar à apoptose (morte celular) de linfócitos, acarretando uma diminuição dos linfócitos circulantes e, consequentemente, uma redução na imunidade, que poderá ser maior, quanto mais intenso e frequente for o exercício[14]. Recentemente, Navalta et al.[45] investigaram os efeitos de três dias consecutivos de treinamento de alta intensidade (HIIT) até a exaustão e demonstraram que a modalidade induziu à apoptose de linfócitos, o que pode predispor a quadros de imunossupressão.

Heavens et al.[46] selecionaram indivíduos treinados recreacionalmente no treinamento de força para realizar um protocolo de condicionamento extremo que consistia em iniciar com dez repetições e diminuir uma repetição a cada série, até que fosse finalizada em uma repetição nos exercícios supino horizontal, levantamento terra e agachamento. Todos os exercícios foram realizados com 75% de 1 RM e sem intervalo. Os autores encontraram um aumento significativo da interleucina-6 (IL-6) imediatamente após o exercício e, após 15 minutos, a mioglobina se manteve alta imediatamente após, 15 e 60 minutos depois e a creatinoquinase (CK) permaneceu aumentada desde o repouso até 60 minutos após o programa ser realizado. De forma interessante, recentemente nosso grupo de pesquisa demonstrou que 2 dias consecutivos de um programa de condicionamento extremo induziram ao aumento da citocina inflamatória IL-6, uma redução da citocina anti-inflamatória interleucina-10 (IL-10) e da razão IL-10/IL-6 (~50%) ao longo de 48 horas após a última sessão de treinamento, demonstrando que dias consecutivos de treinamento do CrossFit realizados em alta intensidade podem induzir à possível imunossupressão[47].

Além disso, Kliszczewicz et al.[48] compararam a resposta da frequência cardíaca (FC), autonômica e a resposta hormonal da epinefrina e norepinefrina em duas condições de treinamento (protocolo Cindy do CrossFit e um protocolo na esteira durante 20 minutos com intensidade a 85% da FC máxima). Os resultados demonstrados pelos autores evidenciaram que a FC e a percepção subjetiva de esforço (Figura 5) durante o exercício foram maiores no protocolo de CrossFit. Na recuperação dos protocolos de treinamento, o protocolo Cindy do CrossFit apresentou maior alteração autonômica quando comparado ao protocolo de corrida na esteira, assim como a resposta da epinefrina e da norepinefrina. Dessa forma, é de suma importância que os profissionais de Educação Física realizem avaliações prévias nos alunos para conhecer o real estado fisiológico e preveni-los de algum evento indesejável.

Não obstante, estudos têm demonstrado agudamente que as sessões de condicionamento metabólico do CrossFit podem aumentar o estresse oxidativo

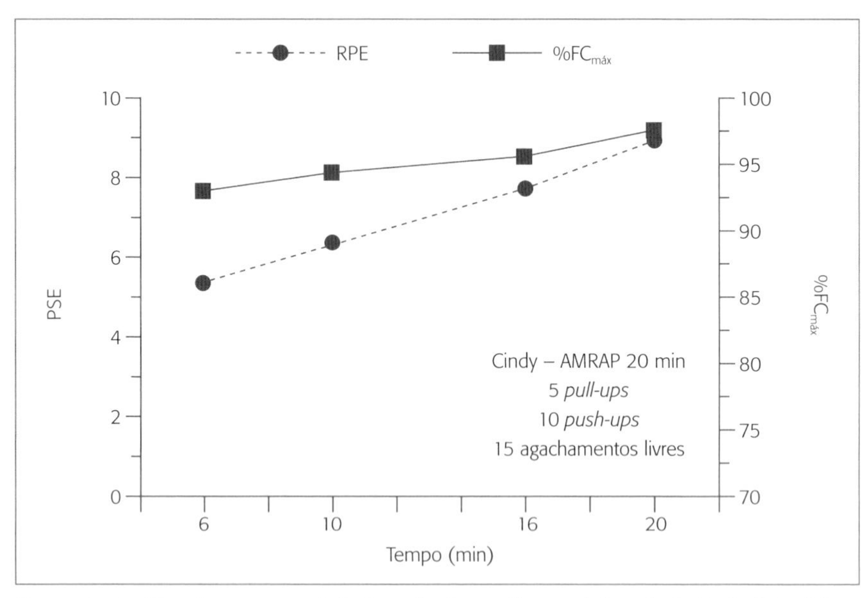

Figura 5 **Análise do percentual da frequência cardíaca máxima (~95% da FC máxima ao longo dos 20 minutos de treinamento) e da percepção subjetiva de esforço (5-8 ao longo dos 20 minutos de treinamento) durante o protocolo Cindy do CrossFit[48].**

AMRAP: *as many reps as possible* – o máximo de repetições possíveis.

de maneira similar ao treinamento de alta intensidade realizado em esteira[48] e exacerbar o aumento da concentração do lactato sanguíneo[46,47] (Figura 6). Essas respostas exacerbadas podem levar a uma perturbação fisiológica ao longo de sessões consecutivas de exercícios de alta intensidade, o que pode contribuir para um *overreaching* não funcional ou *overtraining* caso o treinamento não tenha correto controle na aplicação das cargas de treinamento e da recuperação.

Adaptações crônicas

Em relação às adaptações crônicas oriundas dos programas de condicionamento extremo, Smith et al.[5] utilizaram as rotinas de treinamento do CrossFit e verificaram, após dez semanas de treinamento em jovens adultos, redução de até 20% no percentual de gordura (22,2 ± 1,3 para 18,0 ± 1,3% em homens e de 26,6 ± 2,0 para 23,2 ± 2,0% em mulheres) e melhoras de até 15% no consumo máximo de oxigênio (43,10 ± 1,40 para 48,96 ± 1,42 $mL.(kg^{-1}.min)^{-1}$ e 35,98 ± 1,60 para 40,22 ± 1,62 $mL.(kg^{-1}.min)^{-1}$ em homens e mulheres, respectivamente, conforme a Figura 7. De forma análoga, Murawska-Cialowicz et al.[49]

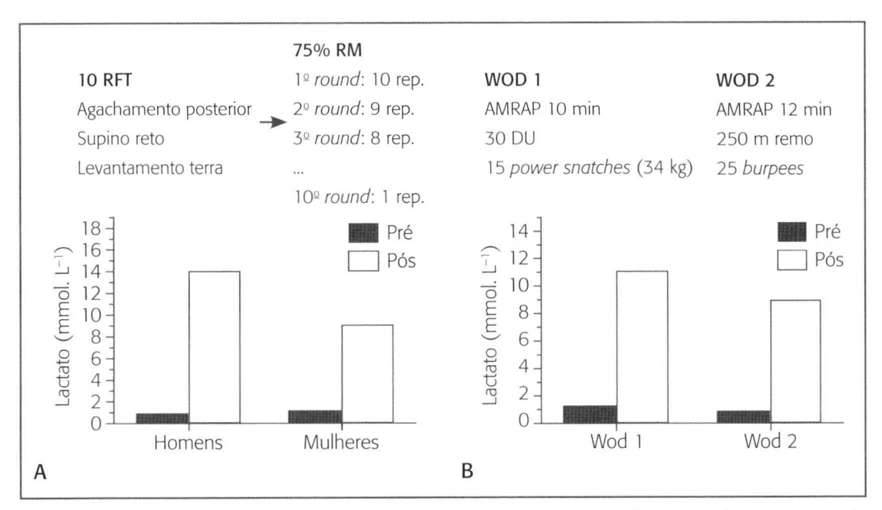

Figura 6 A: Resposta do lactato sanguíneo em homens e mulheres treinados no treinamento de força imediatamente após um protocolo que consistiu em uma escada decrescente com um número de dez repetições até que fosse finalizada em uma repetição nos exercícios supino horizontal, levantamento terra e agachamento com 75% de 1 RM[46]. B: Resposta do lactato sanguíneo 5 minutos após dois diferentes WOD realizados em dias distintos em homens treinados no CrossFit[47].

AMRAP: *as many reps as possible* (o máximo de repetições possíveis); DU: *double unders* (pulo duplo de corda); RFT: *rounds for time* (séries no menor tempo possível).

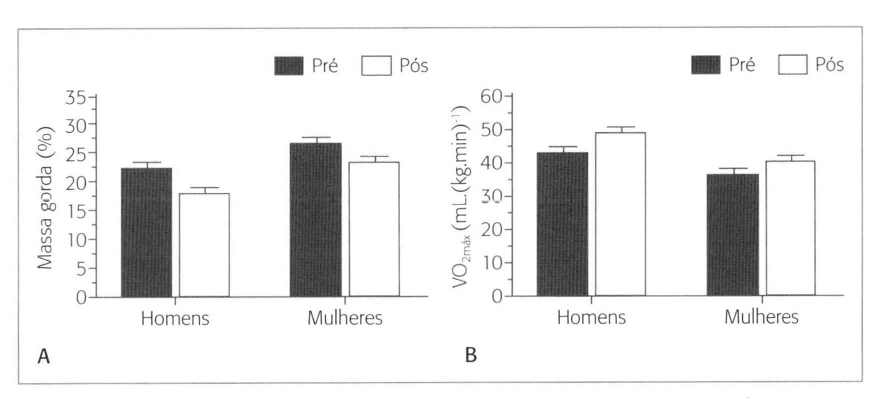

Figura 7 Alteração significativa da massa gorda (A) e do $VO_{2máx}$ (B) após dez semanas de treinamento de CrossFit em homens e mulheres[5].

demonstraram que três meses de treinamento realizado duas vezes por semana (60 minutos de duração) em 12 homens e 5 mulheres fisicamente ativos e aparentemente saudáveis, com a metodologia do CrossFit, foram capazes de melhorar o consumo máximo de oxigênio (38,7 ± 5,6 para 44,9 ± 6,2 mL.(kg^{-1}.min)$^{-1}$), reduzir o percentual de gordura (23,9 ± 3,3 para 22,2 ± 3,0%) em mulheres e aumentar a massa livre de gordura (45,0 ± 4,1 para 45,6 ± 4,1 kg em mulheres e 69,2 ± 3,6 para 70,5 ± 3,6 kg em homens), conforme a Figura 8.

Muito utilizados no CrossFit, os exercícios de levantamento olímpico (LPO) (*snatch*, *clean* e suas variações) são comumente incorporados em uma programação para o treinamento de potência muscular de atletas de diversos tipos de esportes[50]. Uma característica dos movimentos de LPO e suas variações é requerer uma aceleração do praticante/atleta ao longo de toda a fase de propulsão. E, diferente dos exercícios balísticos que possuem a mesma similaridade, os movimentos de LPO são capazes de gerar grande potência em cargas elevadas (70-80% de 1 RM)[51]. Além disso, os movimentos de LPO se tornaram populares na preparação desportiva, por sua similaridade entre a tripla extensão (joelho, tornozelo e quadril) durante os movimentos de levantamento com os movimentos atléticos de outros esportes[52]. Interessantemente, estudos encontraram fortes correlações entre os movimentos de LPO e o *sprint*[53], salto vertical[54,55] e a habilidade em mudança de direção[53].

Da mesma forma e não menos importante está o trabalho de força muscular, como o agachamento (força de membro inferior) para melhora do desempenho esportivo. Nessa lógica, em grande parte dos esportes, movimentos comuns como o salto e o *sprint*, além de tarefas com mudança rápida da direção, fazem parte do cotidiano de treinamento e competições dos atletas. A capaci-

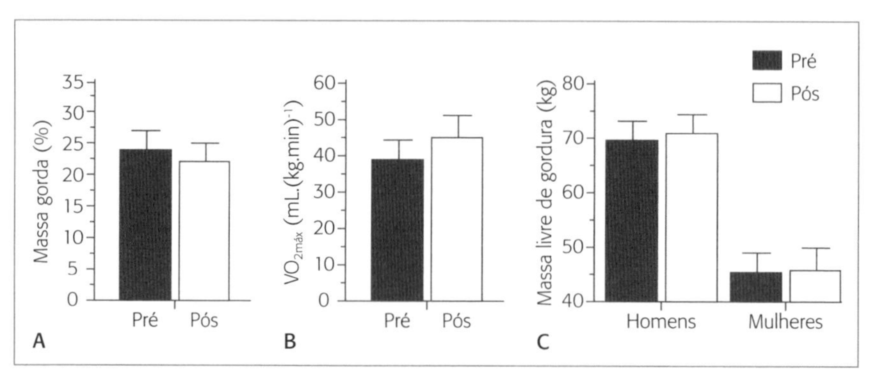

Figura 8 Alteração significativa da massa gorda (A), do $VO_{2máx}$ (B) em mulheres e da massa livre de gordura (C) em homens e mulheres após doze semanas de treinamento de CrossFit[49].

dade de realizar esses movimentos de forma eficaz pode determinar o resultado de certos eventos, como a diferença entre o campeão e o perdedor. A força muscular pode influenciar significativamente sobre características importantes da relação força/tempo no desempenho (Figura 9). Em teoria, a melhora na característica da relação força/tempo deve se transferir para a capacidade de habilidades esportivas gerais. Portanto, a influência da força máxima e sua transferência para habilidades como o salto, o *sprint* e as tarefas com mudança rápida da direção não podem ser negligenciadas na preparação de esportista que apresentem essas habilidades em suas rotinas de treinamento e competi-

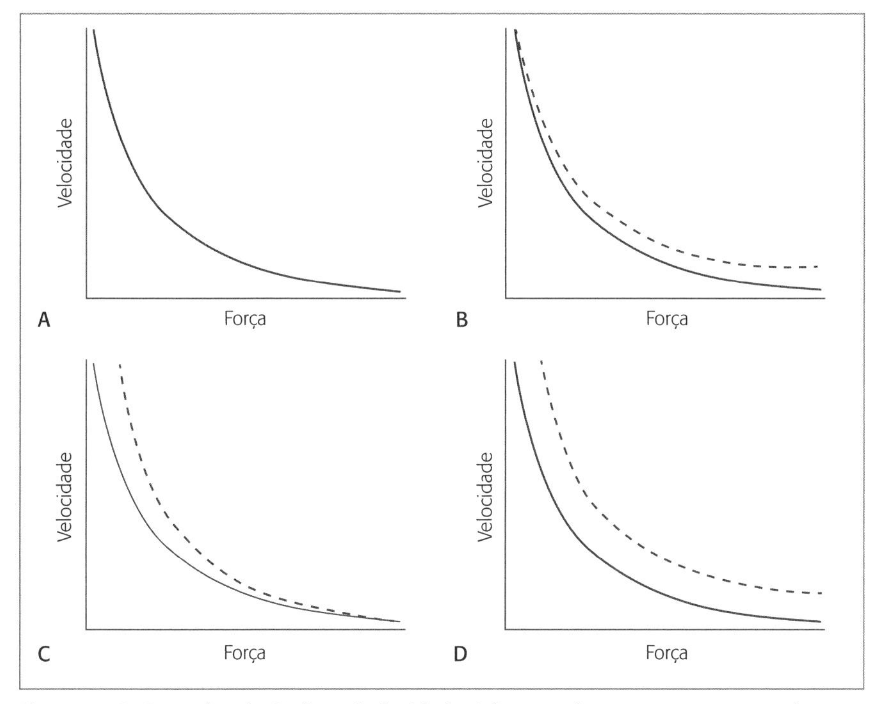

Figura 9 A: Curva da relação força/velocidade. A força pode ser expressa em um intervalo de velocidades e cargas, existindo uma relação inversa entre força e velocidade. Força e velocidade existem em um contínuo, com a força e a velocidade máxima localizadas em extremidades polares. Em uma aplicação prática, quanto mais pesada a carga, menor a velocidade de execução e quanto mais leve a carga, maior a velocidade. B: Efeitos do treinamento de força com altas cargas na mudança da relação força/velocidade no ponto final da curva. C: Efeitos do treinamento balístico na mudança da relação força/velocidade no ponto inicial da curva. D: Efeitos do treinamento de força com altas cargas e do treinamento balístico na mudança da relação força/velocidade ao longo de toda a curva.

Fonte: adaptada de Taber et al., 2016[56].

ção[55]. Por fim, é importante frisar que, em atletas com anos de experiência, os graus da influência na força dos exercícios básicos diminuem (Figura 10); por exemplo, um atleta com anos de experiência pode não apresentar ganhos em habilidades atléticas apenas por meio do aumento na força de membros inferiores (p. ex., o agachamento)[57], sendo necessária a utilização de movimentos como os exercícios balísticos (pliometria, exercícios de LPO) para complementar o treinamento de força básico para melhora das habilidades esportivas[56].

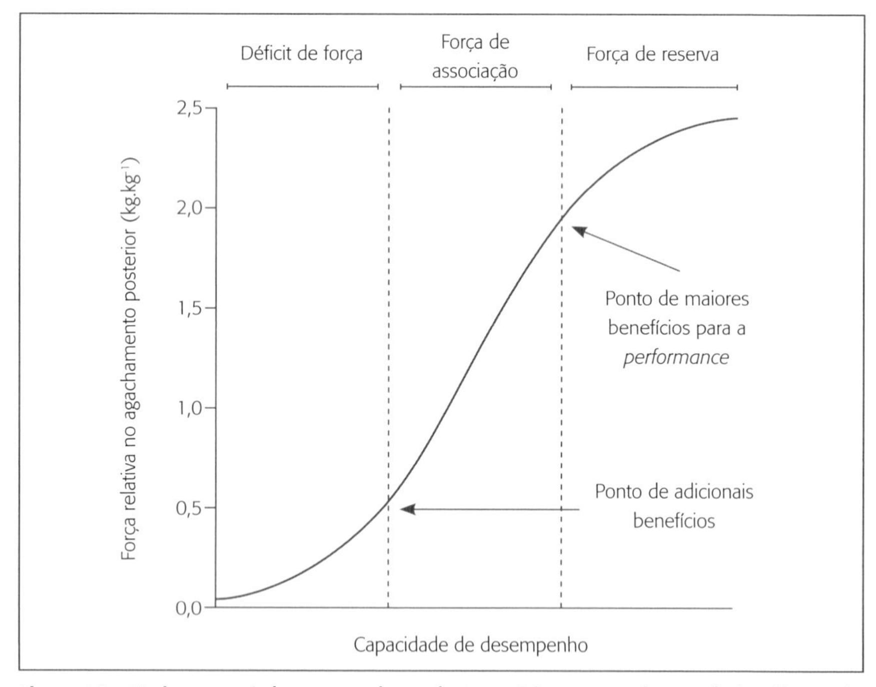

Figura 10 Na imagem é demonstrada a relação teórica entre a força relativa (força absoluta/massa corporal) do agachamento posterior (por quilograma de massa corporal) com o desempenho. Deve-se notar que este modelo é específico para o agachamento posterior baseado nos achados da pesquisa. O modelo teórico apresentado indica que existem três fases da força muscular, que incluem: i) déficit de força – atletas que não treinam força muscular e, consequentemente, não possuem transferência ao desporto; ii) fase associativa – atletas que treinam força e apresentam boa força muscular relativa em que, consequentemente, ocorre a transferência para as habilidades esportivas; e iii) fase da reserva de força – atletas que alcançam o platô de transferência da força muscular para as habilidades esportivas, sendo necessária, a partir de então, a utilização do treinamento balístico associado com o treinamento de força.

Fonte: adaptada de Suchomel et al., 2016[55].

Portanto, atletas de diversas modalidades podem se beneficiar do ambiente propício encontrado em programas de condicionamento extremo (piso apropriado, suportes, barras e pesos olímpicos) para a utilização do LPO e dos exercícios básicos no treinamento, visto que é de fundamental importância para atletas que necessitam de ganhos de força em membros inferiores e ganhos de potência contra cargas leves e/ou elevadas.

Referências bibliográficas

1. Bergeron MF, Nindl BC, Deuster PA, Baumgartner N, Kane SF, Kraemer WJ, et al. Consortium for Health and Military Performance and American College of Sports Medicine consensus paper on extreme conditioning programs in military personnel. Curr Sports Med Rep. 2011;10(6):383-9.
2. Glassman G. Metabolic conditioning. CrossFit Journal. 2003:1-2.
3. Glassman G. Defining CrossFit. CrossFit Journal. 2010.
4. Paine J, Uptgraft J, Wylie R. A crossfit study. Special Report Comand and General Staff College; 2010.
5. Smith MM, Sommer AJ, Starkoff BE, Devor ST. Crossfit-based high intensity power training improves maximal aerobic fitness and body composition. J Strength Cond Res. 2013;27:3159-72.
6. Tibana RA, Almeida LA, Prestes J. Crossfit riscos ou benefícios, o que sabemos até o momento? Rev Bras Cienc Mov. 2015;23:182-5.
7. Heinrich KM, Patel PM, O'Neal JL, Heinrich BS. High-intensity compared to moderate intensity training for exercise initiation, enjoyment, adherence, and intentions: an intervention study. BMC Public Health. 2014;14:789.
8. Parkkari J, Kannus P, Natri A, Lapinleimu I, Palvanen M, Heiskanen M, et al. Active living and injury risk. Int J Sports Med. 2004;25(3):209-16.
9. Montalvo AM, Shaefer H, Rodriguez B, Li T, Epnere K, Myer GD. Retrospective injury epidemiology and risk factors for injury in CrossFit. J Sports Sci Med. 2017;16:53-9.
10. Moran S, Booker H, Staines J, Williams S. Rates and risk factors of injury in crossfit: a prospective cohort study. Journal of Sport Medicine and Physical Fitness; 2017 (no prelo).
11. Weisenthal BM, Beck CA, Maloney MD, DeHaven KE, Giordano BD. Injury rate and patterns among crossfit athletes. Orthop J Sports Med. 2014;2(4):2325967114531177.
12. Hak PT, Hodzovic E, Hickey B. The nature and prevalence of injury during CrossFit training. J Strength Cond Res. 2013. [Epub ahead of print]
13. Grier T, Canham-Chervak M, Mcnulty V, Jones BH. Extreme conditioning programs and injury risk in a US Army Brigade Combat Team. United States Army Medical Department Journal. 2013. p.36-47.

14. Lu A, Shen P, Lee P, Dahlin B, Waldau B, Nidecker AE, et al. CrossFit-related cervical internal carotid artery dissection. Emerg Radiol. 2015;22(4):449-52.
15. Joondeph SA, Joondeph BC. Retinal detachment due to crossfit training injury. Case Rep Ophthalmol Med. 2013;2013:189837.
16. Keogh JW, Winwood PW. The epidemiology of injuries across the weight-training sports. Sports Med. 2017;47(3):479-501.
17. Giordino BD, Weisenthal B. Prevalence and incidence rates are not the same: response. Orthop J Sports Med. 2014;2(7).
18. Aune KT, Powers JM. Injuries in an extreme conditioning program. Sports Health. 2016.
19. Klimek C, Ashbeck C, Brook AJ, Durall C. Are injuries more common with crossfit training than other forms of exercise? Journal of Sport Rehabilitation. 2017 (no prelo).
20. Summitt RJ, Cotton RA, Kays AC, Slaven EJ. Shoulder injuries in individuals who participate in crossfit training. Sports Health. 2016;8(6):541-6.
21. Winwood PW, Hume PA, Cronin JB, Keogh JW. Retrospective injury epidemiology of strongman athletes. J Strength Cond Res. 2014;28(1):28-42.
22. Kliszczewicz B, Quindry CJ, Blessing LD, Oliver DG, Esco RM, Taylor JK. Acute exercise and oxidative stress: CrossFit™ vs. treadmill bout. J Hum Kinet. 2015;47:81-90.
23. Bosch X, Poch E, Grau JM. Rhabdomyolysis and acute kidney injury. N Engl J Med. 2009;6(1):62-72.
24. Scalco RS, Gardiner AR, Pitceathly RD, Zanoteli E, Becker J, Holton JL, et al. Rhabdomyolysis: a genetic perspective. Orphanet J Rare Dis. 2015;10(1):51.
25. Panizo N, Rubio-Navarro A, Amaro-Villalobos JM, Egido J, Moreno JA. Molecular mechanisms and novel therapeutic approaches to rhabdomyolysis-induced acute kidney injury. Kidney Blood Press Res. 2015;40(5):520-32.
26. Pearcey GE, Bradbury-Squires DJ, Power KE, Behm DG, Button DC. Exertional rhabdomyolysis in an acutely detrained athlete/exercise physiology professor. Clin J Sport Med. 2013;23(6):496.
27. Lozowska D, Liewluck T, Quan D, Ringel SP. Exertional rhabdomyolysis associated with high intensity exercise. Muscle Nerve. 2015;1134-5.
28. Chlíbková D, Knechtle B, Rosemann T, Tomášková I, Novotný J, Žákovská A, et al. Rhabdomyolysis and exercise-associated hyponatremia in ultra-bikers and ultra--runners. J Int Soc Sports Nutr. 2015;12:29.
29. Tietze DC, Borchers J. Exertional rhabdomyolysis in the athlete: a clinical review. Sports Health. 2014;6(4):336-9.
30. Oh RC, Arter JL, Tiglao SM, Larson SL. Exertional rhabdomyolysis: a case series of 30 hospitalized patients. Mil Med. 2015;180(2):201-7.
31. Wilson D. Rhabdomyolysis following moderate exercise. J R Army Med Corps. 1998;144(2):103-4.

32. Sharma N, Winpenny H, Heymann T. Exercise-induced rhabdomyolysis: even the fit may suffer. Int J Clin Pract. 1999;53(6)7:476-7.
33. Nielsen C, Mazzone P. Muscle pain after exercise. Lancet. 1999;353:1062.
34. Springer BL, Clarkson PM. Two cases of exertional rhabdomyolysis precipitated by personal trainers. Med Sci Sports Exerc. 2003;35(9):1499-502.
35. Hannah-Shmouni F, McLeod K, Sirrs S. Recurrent exercise-induced rhabdomyolysis. CMAJ. 2012;184(4):426-30.
36. Kim J, Lee J, Kim S, Ryu HY, Cha KS, Sung DJ. Exercise-induced rhabdomyolysis mechanisms and prevention: a literature review. J Sport Health Sci. 2015:1-11.
37. Snyder M, Kish T. Sertraline-induced rhabdomyolysis: a case report and literature review. Am J Ther. 2016;565.
38. Hannabass K, Olsen KR. Fat burn X: burning more than fat. BMJ Case Rep. 2016;2016.
39. Kim HR, Kim SH, Oh DJ. Rhabdomyolysis after a regular exercise session in a patient with Graves' disease. Nephrology. 2012;17(3):307-8.
40. Zajaczkowski T, Potjan G, Wojewski-Zajaczkowski E, Straube W. Rhabdomyolysis and myoglobinuria associated with violent exercise and alcohol abuse: Report of two cases. Int Urol Nephrol. 1991;23(5):517-25.
41. Marinella M. Exertional rhabdomyolysis after recent coxsackie B virus infection. South Med J. 1998;91(11):1057-9.
42. Knapik JJ. Extreme conditioning programs: potential benefits and potential risks. J Spec Oper Med. 2015;15(3):108-13.
43. Aynardi MC, Jones CM. Bilateral upper arm compartment syndrome after a vigorous cross-training workout. J Shoulder Elbow Surg. 2016;25(3):e65-e67.
44. Larsen C, Jensen M. Rhabdomyolysis in a well-trained woman after unusually intense exercise. Ugeskr Laeger. 2014;176(25).
45. Navalta JW, Tibana RA, Fedor EA, Vieira A, Prestes J. Three consecutive days of interval runs to exhaustion affects lymphocyte subset apoptosis and migration. Biomed Res Int. 2014;2014:694801.
46. Heavens KR, Szivak TK, Hooper DR, Dunn-Lewis C, Comstock BA, Flanagan SD, et al. The effects of high intensity short rest resistance exercise on muscle damage markers in men and women. J Strength Cond Res. 2014;28(4):1041-9.
47. Tibana RA, de Almeida LM, Frade de Sousa NM, Nascimento da C, Neto IV, de Almeida JA, et al. Two consecutive days of crossfit training affects pro and anti-inflammatory cytokines and osteoprotegerin without impairments in muscle power. Front Physiol. 2016;7:260.
48. Kliszczewicz BM, Esco MR, Quindry JC, Blessing DL, Oliver GD, Taylor KJ, et al. Autonomic responses to an acute bout of high-intensity body weight resistance exercise vs. treadmill running. J Strength Cond Res. 2016;30(4):1050-8.

49. Murawska-Cialowicz E, Wojna J, Zuwala-Jagiello J. Crossfit training changes brain-derived neurotrophic factor and irisin levels at rest, after wingate and progressive tests, and improves aerobic capacity and body composition of young physically active men and women. J Physiol Pharmacol. 2015;66(6):811-21.
50. Cormie P, McGuigan MR, Newton RU. Developing maximal neuromuscular power: Part 2 – training considerations for improving maximal power production. Sports Med. 2011;41(2):125-46.
51. Cormie P, McCaulley GO, Triplett NT, McBride JM. Optimal loading for maximal power output during lower-body resistance exercises. Med Sci Sports Exerc. 2007;39(2):340-9.
52. Hori N, Newton RU, Nosaka K, Stone MH. Weightlifting exercises enhance athletic performance that requires high-load speed strength. Strength Cond J. 2005;27(4):50-5.
53. Hori N, Newton RU, Andrews WA, Kawamori N, McGuigan MR, Nosaka K. Does performance of hang power clean differentiate performance of jumping, sprinting, and changing of direction? J Strength Cond Res. 2008;22(2):412-8.
54. Carlock JM, Smith SL, Hartman MJ, Morris RT, Ciroslan DA, Pierce KC, et al. The relationship between vertical jump power estimates and weightlifting ability: a field-test approach. J Strength Cond Res. 2004;18(3):534-9.
55. Suchomel TJ, Nimphius S, Stone MH. The importance of muscular strength in athletic performance. Sports Med. 2016;46(10):1419-49.
56. Taber C, Bellon C, Abbott H, Bingham G. Roles of maximal strength and rate of force development in maximizing muscular power. J Strength Cond Res. 2016;38(1):71-8.
57. Tibana RA, Farias DL, Nascimento DC, Silva-Grigoletto ME, Prestes J. Relação da força muscular com o desempenho no levantamento olímpico em praticantes de CrossFit®. Revista Andaluza de Medicina del Deporte. 2016; in press.
58. Aagard H, Jørgensen U. Injuries in elite volleyball. Scand J Med Sci Sports. 1996;6(4):228-32.
59. Calhoon G, Fry A. Injury rates and profiles in elite competitive weightlifters. J Athl Train. 1999;34:232-8.
60. Hägglund M, Waldén M, Ekstrand J. Injuries among male and female elite football players. Scand J Med Sci Sports. 2009;19:819-27.
61. Kerr HA, Curtis C, Micheli LJ, Kocher MS, Zurakowski D, Kemp SP, et al. Collegiate rugby union injury patterns in New England: a prospective cohort study. Br J Sports Med. 2008;42(7):595-603.
62. Kolt GS, Kirby RJ. Epidemiology of injury in elite and sub-elite female gymnasts: comparison of retrospective and prospective findings. Br J Sports Med. 1999;33:312-8.
63. Lysholm J, Wiklander J. Injuries in runners. Am J Sports Med. 1987;15(2):168-71.
64. Plium BM, Staal JB, Windler GE, Jayanthi N. Tennis injuries: occurrence, aetiology, and prevention. Br J Sports Med. 2006;40(5):415-23.

CAPÍTULO 2

Planejamento e princípios do treinamento

Ramires Alsamir Tibana
Jonato Prestes
Nuno Manuel Frade de Sousa

OBJETIVOS

- Definir os princípios básicos do treinamento em programas de condicionamento extremo.
- Entender o que é uma periodização.
- Compreender as estruturas e os ciclos do treinamento.
- Entender a aplicação da periodização em programas de condicionamento extremo.
- Explicar os benefícios da utilização do *tapering* na recuperação e no desempenho dos atletas.

Introdução

O treinamento deve ser reconhecido como um processo que prepara um atleta de forma técnica, tática, psicológica, fisiológica e fisicamente para os mais altos níveis possíveis da *performance* física. Deve-se ter a percepção de que o treinamento, como processo multifatorial, exige um excelente planejamento. Como tal, a tentativa é explorar os princípios da física, da fisiologia e da psicologia, a fim de maximizar os efeitos do estímulo de treinamento[1]. De acordo com DeWeese et al[1], o processo do treinamento está diretamente associado com o aperfeiçoamento no desempenho; portanto, para que a adaptação seja otimizada, o processo deve fornecer:

- Estímulos adequados para a adaptação.
- Meios adequados para avaliar os progressos (acompanhamento).

- Meios adicionais para além do controle da carga do treinamento (isto é, estímulos), como avaliação das fases de recuperação e repouso, reforço psicológico, controle nutricional, suplementação, sono etc.

O planejamento do treinamento desportivo tenta levar os atletas o mais próximo possível de seus limites genéticos; portanto, o treinamento não consiste simplesmente em exercícios recreativos. Considerando este conceito, um bom *coach*/treinador deve ser visto no mesmo contexto de um bom médico. Assim sendo, o planejamento do treinamento pode ser visto como uma prescrição. Dessa forma, uma boa compreensão dos princípios básicos de treinamento e suas aplicações durante o treinamento pode fazer uma diferença substancial no planejamento do treinamento. Quando esses princípios são devidamente abordados e corretamente aplicados no planejamento do treinamento como resultado de uma programação logicamente aplicada, a adaptação é otimizada, o controle da fadiga é melhorado, o potencial de *overtraining* é reduzido e o potencial de melhora no desempenho é aumentado[1].

Princípios básicos do treinamento em programas de condicionamento extremo

Antes de discutir os princípios do treinamento, é preciso conhecer a terminologia da palavra princípio, que significa origem, causa, opinião. Estes elementos são cruciais para o sucesso de um processo. Em outras palavras, são regras que direcionam as ideias e as atitudes a serem tomadas[2]. Então, princípios do treinamento em programas de condicionamento extremo são os procedimentos básicos que nortearão a prescrição do treinamento para esse tipo específico de treinamento. Entre os principais princípios descritos na literatura, podem ser citados alguns que têm alta aplicação em programas de condicionamento extremo: conscientização, variação, adaptação, sobrecarga progressiva e reversibilidade. Passamos a citar cada princípio e sua aplicação em programas de condicionamento extremo.

Princípio da conscientização

Segundo Monteiro[3], o princípio da conscientização se fundamenta na justificativa de que o indivíduo deve compreender os motivos pelos quais ele realiza determinado exercício. Isso poderia ajudá-lo a conseguir resultados mais eficientes. É indiscutível que a globalização disponibiliza diversos meios de comunicação (p. ex., redes sociais como Instagram e Facebook), que favorecem o acesso à informação. Com a população mais informada, é necessário que os profissionais estejam mais fundamentados e seguros sobre suas habilidades.

Assim, o *coach*/treinador, além de prescrever os exercícios, deve ser um agente capaz de mudar determinados comportamentos por meio de seu conhecimento, o qual deve ser utilizado para persuadir o atleta a iniciar os programas de atividade física, incluindo os programas de condicionamento extremo, e a aderir a eles. Esse princípio se torna muito importante em programas de condicionamento extremo na medida em que muitas tarefas a executar nesse tipo de treinamento requerem progressões para o êxito final. Quando o *coach* não consegue conscientizar o atleta de que ele está realizando um meio para chegar ao objetivo final, a desmotivação pode tomar conta dele, influenciando diretamente a *performance* física.

Em resumo, o princípio da conscientização nada mais é que a informação adequada e fundamentada a ser transmitida ao cliente/aluno a fim de favorecer os processos de adoção (ato de escolher, iniciar), modificação (p. ex., comportamento relacionado à saúde) e adesão (manutenção da prática consistente) ao programa de condicionamento extremo.

Princípio da variação

O princípio da variação descreve a remoção da linearidade do planejamento do treinamento por meio da manipulação das características de sobrecarga e do grau de especificidade. Além de potencializar o resultado, a modificação nas variáveis agudas nos sistemas de treinos e/ou na periodização do treinamento diminui o tédio e a monotonia, que são obstáculos para a motivação e razão de evasão em centros de treinamento. Contudo, a forma como se aplica a variação deve não somente atender à demanda da pessoa, mas também ser viável ao ambiente de trabalho. O nível de variação no programa de treinamento está diretamente relacionado ao nível do atleta, com atletas avançados necessitando de maior grau de variação em comparação com atletas novatos e iniciantes[2].

A capacidade de o *coach*/treinador criar, incentivar e trabalhar com a imaginação é um recurso importante para variar, de forma bem-sucedida, o treinamento. Para superar a monotonia e o caráter maçante do treinamento, é necessário ser criativo e conhecer amplo repertório de exercícios, alternando-os periodicamente, adotando movimentos de padrão técnico similar ou que desenvolvam as capacidades biomotoras exigidas pelo desporto[4]. As características dos programas de condicionamento extremo favorecem o uso contínuo desse princípio, entretanto, não se pode confundir o princípio da variação com a falta de planejamento do treino. A variação deve ser planejada dentro do objetivo de cada período e/ou atleta. A variação não pode ser entendida como uma alteração dentro de uma sessão de treinamento ou mesmo em microciclos dos elementos que constituem o treinamento-base dos programas de condicionamento extremo, como a presença de elementos gímnicos, levantamento olímpico (LPO) e cíclicos. O conceito abrange, nomeadamente, a sobrecarga utilizada durante cada fase de treinamento.

Princípio da adaptação

Em um sentido mais amplo da palavra, adaptação significa um ajuste do organismo ao seu meio ambiente, o que indica que o organismo sofre modificações para viver melhor quando o meio muda[5]. É fundamental saber que as melhoras no organismo não ocorrem durante uma sessão de treinamento, já que o estresse causado nesse momento normalmente gera degradação das fontes energéticas e de estruturas do organismo, piorando suas condições. O treinamento agudo poderia, então, ser considerado um estímulo que, de forma crônica, poderá incorrer em melhoras orgânicas. Quando esse processo ocorre de modo sistemático, o estresse causado resulta em ajustes do organismo (adaptação) ao novo regime ao qual ele é submetido. Segundo Zatsiorsky e Kraemer[5], esse é o motivo pelo qual ocorrem diferentes respostas ao treinamento, conhecidas como efeitos do treinamento. Para os autores, são cinco os efeitos do treinamento:

- Efeitos agudos: alterações que ocorrem durante o treinamento.
- Efeitos parciais: efeitos específicos, em geral localizados e provocados por meio de um treinamento simples, por exemplo, a realização exclusiva do supino, e não de uma sessão completa de treinamento para o peitoral maior.
- Efeitos imediatos: decorrentes de uma sessão de treinamento, manifestando-se imediatamente depois.
- Efeitos crônicos: aqueles que se evidenciam após um período de treinamento.
- Efeitos residuais: retidos com a interrupção do treinamento.

Este princípio de treinamento está intimamente ligado ao fenômeno de estresse, uma vez que, para existir a adaptação, o treinamento físico deve proporcionar uma quebra da homeostase. Assim, para que o estresse fisiológico seja adequado, deve existir uma progressão adequada da carga de treinamento, provocando adaptações positivas no atleta. Considerando que os programas de condicionamento extremo são programas nos quais a intensidade elevada está presente na maioria dos treinamentos, é importante diferenciar até que ponto a intensidade de treinamento elevada está originando adaptações positivas e não as negativas, como o *overtraining* (para mais informações sobre este tema, ver o Capítulo 3, "*Overtraining* em programas de condicionamento físico extremo"). Assim, é muito importante ter ferramentas disponíveis para identificar as adaptações positivas ao treinamento. Além disso, esse princípio está intimamente ligado ao da sobrecarga, que será descrito em seguida.

Princípio da sobrecarga progressiva

O princípio da sobrecarga progressiva fundamenta-se no fato de que, para evoluir, o organismo necessita de treinos com cargas que devem acompanhar a evolução do atleta, ou seja, quando um atleta se adapta a uma carga, ele só conseguirá continuar a aumentar a *performance* se a carga aumentar. O aumento da carga deve ser gradual e de acordo com as capacidades fisiológicas e psicológicas de cada indivíduo, desde o estágio inicial do treinamento até o mais avançado. Como descrito por Prestes et al.[2], uma vez adaptado ao estresse imposto por um programa de treinamento específico, caso o indivíduo não ajuste as variáveis do treinamento a fim de torná-lo mais difícil, as adaptações ocorridas até então não ocorrerão mais.

A maneira mais comum de aplicar a sobrecarga progressiva é aumentar a intensidade de exercícios (resistência/peso absoluto ou relativo para um determinado exercício/movimento). Entretanto, em programas de condicionamento extremo, nem sempre é possível aumentar a intensidade do exercício para aplicar a sobrecarga. Dessa forma, existem outras formas muito importantes de promoção de sobrecarga:

- Aumento do número de repetições realizadas em um determinado movimento.
- Alteração da velocidade de movimento.
- Diminuição do intervalo de descanso entre movimentos.
- Aumento do volume de treinamento por meio do número de séries ou de movimentos/tarefas.
- Aumento da amplitude de movimentos.
- Execução de maior número de tarefas para o mesmo objetivo.

Em virtude da constante variação de estímulos em programas de condicionamento extremo, a sobrecarga deve ser muito bem avaliada, de forma que possibilite as adaptações positivas ao estímulo. Monitorar a carga de treinamento deve ser uma tarefa constante para que o aumento de *performance* não seja acompanhado de lesões ou doenças. O Capítulo 4, "Monitorando a resposta ao treinamento", e o Capítulo 5, "Carga de treinamento e sua relação com *performance* e risco de lesão", abordarão profundamente este princípio fundamental para a correta prescrição do treinamento.

Princípio da reversibilidade

Uma consequência da interrupção ou diminuição da intensidade e/ou do volume de treinamento (abaixo de um nível mínimo) é a regressão dos resultados obtidos. A reversibilidade é a expressão da capacidade do organismo de eliminar as estruturas não utilizadas a fim de que os recursos estruturais liberados sejam aproveitados por outros sistemas do organismo.

Essa reversibilidade pode ocorrer como resultado de dois fatores. Em primeiro lugar, uma remoção ou redução dos estímulos pode resultar em destreinamento, que pode ser considerado uma adaptação fisiológica "negativa". Por exemplo, a atrofia muscular pode acontecer em consequência da diminuição do volume do treinamento de força ou de sua interrupção. Em segundo lugar, a involução na *performance* pode ser descrita como uma capacidade de desempenho diminuída, que ocorre ainda que o estímulo esteja sendo aplicado. Esse tipo de reversibilidade muitas vezes surge em relação a uma monotonia no programa de treinamento (que será abordado no Capítulo 4). Um tipo de involução também pode ocorrer como resultado de baixa adaptação resultante de má gestão da fadiga (isto é, um *overreaching* não funcional)[1].

O princípio da reversibilidade é colocado à prova em todo o planejamento de um programa de condicionamento extremo. Não se pode esquecer que programas de condicionamento extremo apresentam uma variedade de elementos e valências físicas, o que dificulta a estruturação do treinamento. A reversibilidade pode ocorrer quando em uma determinada fase da periodização se dá uma ênfase muito grande em uma parte do treino (p. ex., treino de LPO) e menor ênfase em outra parte (p. ex., elementos gímnicos). Assim, o *coach* sempre tem de procurar um equilíbrio em todos os elementos do programa para que a ênfase em determinado elemento não provoque indiretamente a involução em outros elementos.

Os princípios foram descritos porque são fundamentais para a prescrição do treinamento em programas de condicionamento extremo. Entretanto, todos os princípios clássicos do treinamento esportivo devem ser considerados para o planejamento correto do treinamento. Afinal, apesar dos programas de condicionamento extremo provocarem, à primeira vista, uma ruptura com o planejamento clássico do treinamento, isso não é observado quando se analisa mais profundamente o planejamento adequado e recomendado desse tipo de treinamento. O próximo tópico do capítulo aborda precisamente essa questão.

Estratégias e ciclos de treinamento

De acordo com Smith[6], a estratégia de um bom desempenho gira em torno do problema de como planejar um programa que: a) maximize o potencial do desempenho em uma data futura conhecida; e b) minimize o risco do *overreaching* não funcional e o *overtraining* durante o período de treinamento que antecede essa data. Está bem estabelecido que, para alcançar uma melhoria significativa no desempenho, o treinamento deve seguir um padrão cíclico. O desenvolvimento do desempenho é alcançado pela mudança sistemática nos parâmetros de carga de treinamento, cujo volume e intensidade são as características de treinamento mais gerais. Programas em que os atletas são submetidos a uma carga regular são desencorajados. Além disso, tem sido sugerido que a monotonia de treinamento e elevadas cargas de treinamento podem ser fatores relacionados a adaptações negativas para o treinamento, como será explicado nos próximos capítulos. A exigência de que as cargas de treinamento sejam administradas de forma lógica para promover a adaptação e prevenir o *overtraining* implica uma abordagem sistemática e bem planejada para o desenvolvimento de um programa de treinamento.

A periodização é um processo de planejamento que permite a utilização de cargas corretas e períodos de regeneração adequados para evitar adaptações indesejadas, como o *overreaching* não funcional e o *overtraining*, e atingir os melhores desempenhos esportivos em momentos competitivos de maior importância. É uma ferramenta de planejamento sistemático e metodológico que serve como um modelo direcional para atleta e treinador. O conceito não é rígido com apenas uma forma de abordagem. Em vez disso, é um quadro dentro e em torno do qual um *coach*/treinador e a equipe esportiva podem formular um programa para uma situação específica. A periodização proporciona a estrutura para controlar o estresse e a regeneração que é essencial para melhorias no treinamento. Assim, o planejamento auxilia na obtenção de regularidade no processo de treinamento e no estilo de vida e diminui o perigo de monotonia e saturação mental pela variação, apesar da alta frequência de treinamento. O modelo de periodização também se presta ao estabelecimento de objetivos de desempenho, ênfase de treinamento e padrões de teste para cada fase de treinamento, eliminando assim a abordagem aleatória, que pode levar a aumentos excessivos de volume ou intensidade e na regeneração insuficiente.

Estrutura do treinamento

A periodização é a base do plano de treinamento de um atleta. O termo periodização provém da palavra período, que é uma maneira de descrever uma parte ou divisão de tempo. Periodização é um método pelo qual o treinamento é dividido em segmentos menores, fáceis de gerenciar, geralmente relatados como fases do treinamento. A periodização do treinamento tem evoluído ao longo dos séculos, com muitos cientistas e autores esportivos contribuindo para o seu desenvolvimento[7].

A periodização consiste na divisão de um ano ou mais (comumente são usados 1 ano ou 4 anos, correspondentes a 1 ciclo olímpico) de treinamento em fases gerenciáveis, com o objetivo de melhorar o desempenho para um ou mais picos na *performance* em um ou mais tempos predeterminados. A construção do treinamento anual depende do número de macrociclos, que pode variar bastante, desde um, dois, três até seis ou sete. Em cada macrociclo, destacam-se três períodos: preparatório, competitivo e de transição (Figura 1).

No processo do treinamento anual, costumam-se usar variantes que recebem o nome de "ciclo duplo", "ciclo triplo" etc., de acordo com o número de ciclos[8]. Isso porque, nesses casos, não são planejados períodos de transição entre os macrociclos (entre o primeiro e o segundo, entre o segundo e o terceiro etc.): o período competitivo de um é imediatamente seguido pelo período preparatório do outro (Figura 2). Além disso, a preparação pode ser razoavelmente nivelada, sem grandes diferenças entre o conteúdo do treinamento dos períodos preparatórios e competitivos. Nos esportes multicíclicos, o processo de planejamento torna-se complexo e as decisões devem ser tomadas em torno das competições mais importantes.

Além disso, elevadas participações em competições criam estresse significativo por meio de viagens, expectativas, fatores sociais e psicológicos que podem levar a um baixo desempenho e, finalmente, ao esgotamento. A construção cuidadosa dos planos anuais e de longo prazo é fundamental para o

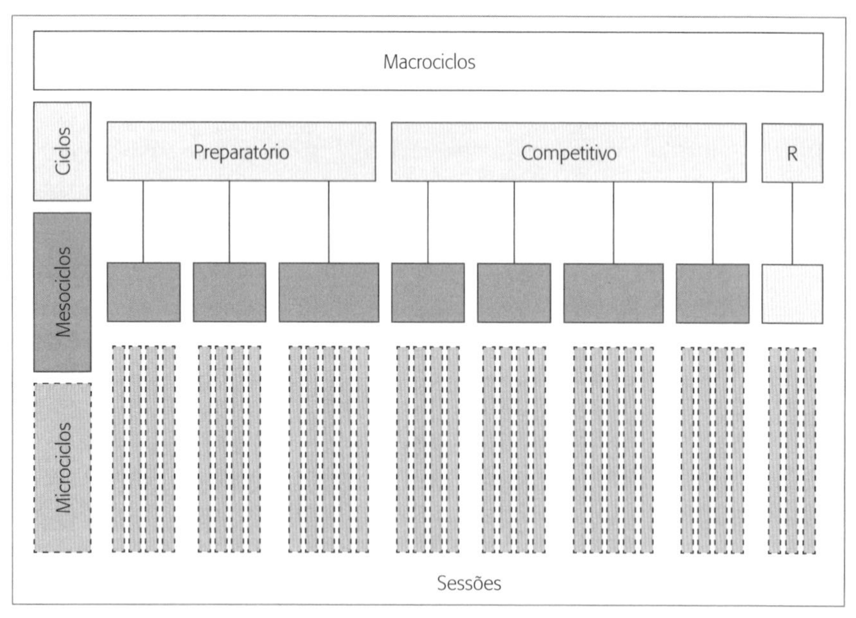

Figura 1 Componentes básicos do planejamento do treinamento em ciclos. R: período de recuperação ou transição.

Fonte: adaptada de Naclerio et al., 2013[9].

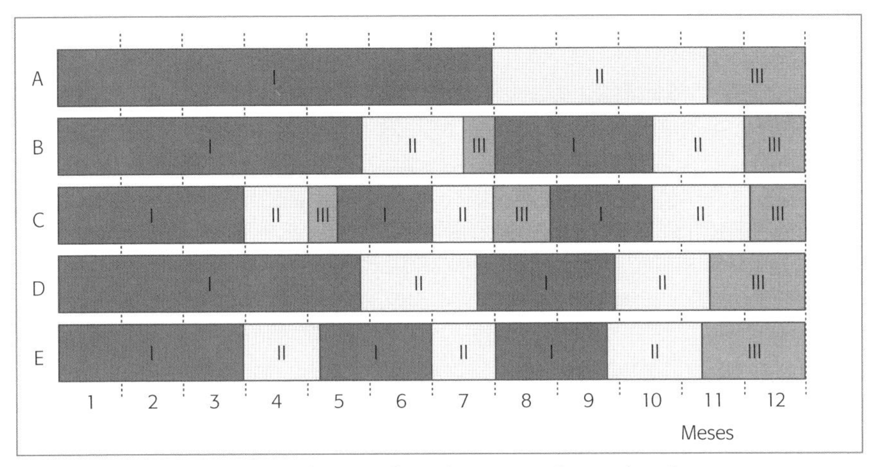

Figura 2 Variantes da periodização do treinamento desportivo durante o ano e no macrociclo: A – de um ciclo; B – de dois ciclos; C – de três ciclos; D – ciclo duplo; E – ciclo triplo; I – período preparatório; II – período competitivo; III – período de transição.

Fonte: adaptada de Platonov, 2008[8].

desenvolvimento de um atleta sênior de sucesso. Assim, o planejamento do treinamento tem como principal característica sua divisão em fases que, juntas, formam um ciclo. Essa característica deve permitir a contínua adequação e periodização dos estímulos.

Ciclos do treinamento

A formulação de ciclos de treinamento é um processo complexo e tornou-se ainda mais confusa pelo uso de várias terminologias para descrever os mesmos conceitos. Apesar de diferentes terminologias, a periodização de programas de condicionamento extremo também segue a lógica de ciclos de treinamento (macrociclos), que, por sua vez, são divididos em mesociclos, microciclos e unidades de treinamento (Tabela 1). Assim, a periodização deve seguir a lógica indicada na tabela.

Macrociclos

O macrociclo diz respeito, geralmente, a uma única temporada competitiva. Um macrociclo envolve uma série de mesociclos, que, além disso, podem ser atribuídos a um ou a mais períodos específicos: preparatório (geral e específico), competitivo e de transição (Tabela 1). Em alguns casos, como nos programas olímpicos, os macrociclos podem ser executados ao longo de um ciclo de quatro anos, o que ainda não é comum em competições de condiciona-

Tabela 1 Definição e duração de macrociclo, mesociclo, microciclo e unidade de treinamento

	Termo	Definição	Duração
Longo prazo	Macrociclo	Planejamento geral visando ao maior objetivo de um período longo de treinamento. Alguns autores se referem ao macrociclo como um plano anual. Ele inclui as fases de treinamento preparatória, competitiva e de transição	De vários meses a um ano
	Mesociclo	Ciclo de treinamento de duração média, configurando o período mínimo de tempo necessário para produzir uma adaptação mensurável e relativamente estável. Ele está incluído em um macrociclo e contém mais de 2 a 6 microciclos	De 3 a 6 semanas
	Microciclo	Ciclo de treinamento de duração curta, visando a objetivos de treinamento muito específicos que servem de base para alcançar as metas estabelecidas para o mesociclo Ele está incluído em um mesociclo e contém as unidades de treinamento	De alguns dias a 14 dias
Curto prazo	Unidade de treinamento	Também conhecida como sessão de treinamento, ou seja, menor unidade de uma periodização	1 dia

mento extremo. Os macrociclos são estruturados para conter toda a temporada de treinamento. Assim, não é um plano de treinamento anual, por exemplo, alguns esportes como natação e boxe podem conter vários ciclos de treinamento ou macrociclos sobre o calendário anual[9]. O mesmo pode ocorrer em programas de condicionamento extremo, após a análise dos períodos competitivos. Os ciclos comuns de um macrociclo são as fases preparatória, competitiva e de transição ou recuperação (Tabela 2).

Fase preparatória

É dependente do comprimento do macrociclo, do tipo de esporte e do nível atlético. Mesmo que esta fase seja normalmente desagregada em uma preparação geral e específica, as subfases gerais e específicas devem ser sempre consideradas unidades interconectadas. A fase preparatória geral destina-se a fornecer fundamentos físicos e condicionamento técnico (força básica, resistência, flexibilidade e habilidades motoras básicas) para o desenvolvimento das capacidades específicas e das competências desportivas. Em geral, por um lado, atletas mais avançados dependerão menos desta fase em comparação aos menos preparados ou

Tabela 2 **Exemplo de um macrociclo com suas respectivas fases e objetivos delimitados**

Meses	**Outubro**	**Novembro Dezembro**	**Janeiro**	**Fevereiro**	**Março**
Fases da periodização	**Preparatória 1**			**Competitiva 1**	**R1**
	Geral	**Específica**		**PC T C**	**M**
Objetivo	Desenvolvimento do condicionamento metabólico: ▪ Força básica ▪ Força de resistência ▪ Cardiorrespiratório	Transferência do condicionamento metabólico para tarefas específicas de desempenho: ▪ Capacidades biomotoras exigidas pelo esporte ▪ Desenvolvimento da técnica em movimentos de LPO e elementos gímnicos		PC: preparação técnica e tática para a competição T: redução da carga de treinamento para consequente aumento da *performance* esportiva C: primeira competição-alvo. Manutenção do condicionamento físico	Recuperação do período competitivo anterior
Mesociclo	I	II	III	IV	V
Objetivo	a) Sistema energético: oxidativo b) Treinamento de força/potência: aumento da força muscular e trabalho da técnica em movimentos de potência c) Mobilidade d) Redução de peso (quando necessário) e) Prioridade em sessões de treinamento com alto volume	a) Sistema energético: glicolítico b) Treinamento de força/potência: manutenção da força muscular e prioridade na potência muscular c) Mobilidade d) Melhora de movimentos com deficiência (principalmente os exercícios gímnicos)	a) Sistema energético: misto b) Trabalhos de força e potência estabilizados perto da carga máxima c) Alternância de sessões com alto volume e sessões com volumes baixos, porém intensos	PC: prioridade em exercícios de potência para a expressão máxima das habilidades específicas do esporte T e C: redução da carga de treinamento e manutenção do condicionamento físico com alvo na competição específica	Recuperação por meio de atividades não específicas à modalidade

continua

Tabela 2 **Exemplo de um macrociclo com suas respectivas fases e objetivos delimitados** *(continuação)*

Meses	**Abril**	**Maio**	**Junho**	**Julho**
Fases da periodização	Preparatória 2		Competitiva 2	R2
	Geral	**Específica**	PC T C	M
Objetivo	Recuperação do condicionamento metabólico	Transferência do condicionamento metabólico para tarefas específicas de desempenho relacionadas com força máxima	PC: preparação técnica e tática para a competição T: redução da carga de treinamento para consequente aumento da *performance* esportiva C: segunda competição-alvo. Manutenção do condicionamento físico	Recuperação do período competitivo anterior
Mesociclo	VI	VII	VIII	IX
Objetivo	a) Sistema energético: oxidativo b) Treinamento de força: base funcional do treinamento de força	a) Sistema energético: glicolítico b) Treinamento de força: hipertrofia e força c) Técnicas de treinamento complexo para aumento de potência (p. ex., movimentos balísticos)	PC: prioridade no treinamento de potência para a expressão máxima das habilidades específicas do esporte T e C: redução da carga de treinamento e manutenção do condicionamento físico com alvo na competição específica	Recuperação por meio de atividades não específicas à modalidade

C: competitiva; M: manutenção da carga de treinamento em 40-50% da anterior; PC: pré-competitiva; R: recuperação; T: *tapering*.

Mês	Semanas	Mesociclo	Microciclo
Outubro	S1	I	Introdutório
	S2		Introdutório
	S3		Normal de baixo padrão
	S4		Normal de baixo padrão
Novembro	S5		Normal de alto padrão
	S6		Normal de alto padrão
	S7	II	Choque
	S8		Choque
Dezembro	S9		Regenerativo
	S10		Choque
	S11		Normal de baixo padrão
	S12		Choque
Janeiro	S13	III	Choque
	S14		Regenerativo
	S15		Normal de alto padrão
	S16		*Tapering*
Fevereiro	S17	IV	*Tapering*
	S18		Competição
	S19		Competição
	S20		Competição
Março	S21		Competição
	S22		Competição
	S23	V	Transição ou recuperação
	S24		Transição ou recuperação
Abril	S25	VI	Introdutório
	S26		Normal de baixo padrão
	S27		Normal de alto padrão
	S28	VII	Choque
Maio	S29		Choque
	S30		Regenerativo
	S31		Normal de alto padrão
	S32	VIII	*Tapering*
Junho	S33		*Tapering*
	S34		Competição
	S35		Transição ou recuperação
	S36		Transição ou recuperação
Julho	S37	IX	Transição ou recuperação
	S38		Transição ou recuperação

atletas novatos (Naclerio et al. 2013)[9]. Por outro lado, a fase preparatória específica visa a transferir os ganhos de aptidão física em características de desempenho muito específicas. Essa subfase é focada em desenvolver capacidades esportivas específicas mantendo o desempenho geral alcançado durante a fase geral anterior. Sua duração é mais longa em atletas de alto desempenho[9].

De acordo com Bompa e Haff[7], a fase preparatória tem os seguintes objetivos:

- Adquirir e melhorar a capacidade de treinamento físico geral.
- Melhorar as capacidades biomotoras exigidas pelo esporte.
- Cultivar traços psicológicos.
- Desenvolver, melhorar ou aperfeiçoar a técnica.
- Familiarizar os atletas com as manobras estratégicas básicas necessárias nas fases seguintes.
- Ensinar aos atletas a teoria e a metodologia do treinamento específico para o esporte.

Em se tratando de programas de condicionamento extremo, esta fase é fundamental para desenvolver o condicionamento metabólico do atleta, uma vez que o condicionamento metabólico é a base desse tipo de programa. Entretanto, também é sabido que programas de condicionamento extremo são muito exigentes em relação às capacidades biomotoras e também da flexibilidade. Dessa forma, o condicionamento metabólico deve ser acompanhado de tarefas específicas da modalidade com o objetivo de melhorar os elementos-base e sua amplitude de movimento. Por último, o desenvolvimento psicológico do atleta também é muito importante nesta fase; sendo assim, expor o atleta aos seus limites durante a fase preparatória também é uma importante ferramenta para seu desenvolvimento integrado.

Fase competitiva

Usada para desenvolver as habilidades específicas de esporte competitivo mantendo, ao mesmo tempo, o desempenho físico alcançado no final da fase preparatória. Durante esta fase, os atletas reduzem a preparação de condicionamento geral, enfatizando mais atividades de condicionamento baseadas na preparação técnica ou tática para a competição[9]. Quando o atleta progride ao longo da fase competitiva, as alterações no plano de treinamento devem elevar o preparo e aumentar o desempenho. A estrutura do plano de treinamento desempenhará um importante papel em estimular esses efeitos; se o plano é estruturado corretamente, o atleta otimizará seu desempenho no momento apropriado. Se o desempenho começa a declinar ou fica estagnado, é provável que o trabalho tenha diminuído demais, reduzindo a capacidade física, ou que o trabalho foi mantido em um nível alto demais e a fadiga esteja mascarando os ganhos de desempenho potenciais. A sintonia entre trabalho e desempenho parece ser uma arte baseada na ciência e na integração do monitoramento do atleta e da experiência dos treinadores, que guiará as decisões tomadas durante essa fase de treinamento[7].

De acordo com Bompa e Haff[7], a fase competitiva tem os seguintes objetivos:

- Melhorar ou manter de forma continuada as capacidades biomotoras específicas do esporte.
- Aprimorar os traços psicológicos.
- Aperfeiçoar e consolidar a técnica.
- Elevar o desempenho ao nível mais alto.
- Dissipar a fadiga e elevar o preparo.
- Aperfeiçoar as manobras técnicas e táticas.
- Promover ganho de experiência competitiva.
- Prover manutenção de condicionamento físico específico do esporte.

É uma fase muito delicada em programas de condicionamento extremo, uma vez que deve ter a premissa de diminuição da sobrecarga, o que, à primeira vista, pode parecer uma dificuldade em programas que usam altas sobrecargas de treino associadas a intensidades elevadas. Acredita-se que o ponto mais importante na adaptação para programas de condicionamento extremo seja a diminuição do volume de treinamento. Entretanto, é uma fase em que os elementos específicos do esporte (especialmente LPO e elementos gímnicos) devem ser altamente utilizados durante os treinos. Isto porque é uma fase fundamental para aperfeiçoar a técnica, desta vez sem traços de fadiga, como poderia estar ocorrendo durante a fase preparatória. Com o objetivo de obter experiência competitiva e aperfeiçoamento da tática, é uma fase em que é recomendado utilizar simulações de WOD (treinamentos do dia, do inglês *workouts of the day*) no treinamento. Assim, a fase competitiva deve apresentar uma preocupaçao com a apuração da técnica, normalmente selecionando elementos específicos para o treinamento, e apuração da tática, com a escolha de mini-WOD para testar o desempenho. O contexto de sobrecarga mais baixa sem associação de fadiga deve estar sempre presente.

Fase de transição

Após longos períodos de preparação e competições estressantes, nos quais a fadiga fisiológica e psicológica pode se acumular, um período de transição deve ser usado para ligar planos de treinamento anuais ou como preparação para outra competição importante, como no caso de plano de treinamento anual de ciclo duplo, ciclo triplo e ciclo múltiplo. A fase de transição desempenha um importante papel na preparação do atleta para o próximo ciclo de treinamento. O atleta deve iniciar a nova fase preparatória somente quando totalmente recuperado da temporada competitiva anterior. Se o atleta inicia uma nova fase preparatória sem recuperação completa, é provável que os desempenhos venham a ser prejudicados em futuros ciclos competitivos e o risco de lesão aumentará, o que pode ocorrer a longo prazo[7].

A fase de transição começa imediatamente após a conclusão da competição principal e pode durar entre 2 e 4 semanas. Durante a primeira semana após a competição, repouso ativo ou passivo pode ser usado. Repouso passivo pode ser necessário se o atleta tem lesões. Se repouso ativo é usado durante esse microciclo, o volume e a intensidade do treinamento são substancialmente reduzidos e podem mirar padrões ou atividades de movimento que não são usados em treinamento. A fase de transição é um período durante o qual o atleta pode recuperar-se física e psicologicamente, enquanto minimiza a perda de condicionamento físico[7].

Nessa fase, os exercícios cíclicos, como natação, corrida ou remo, podem ser uma excelente escolha em programas de condicionamento extremo. Melhor ainda quando são realizados em locais fora dos locais habituais de treinamento. Além disso, pode ser uma boa oportunidade para experimentar outras metodologias de LPO, em que o volume e a intensidade estão muito reduzidos e o atleta só se preocupa em observar a nova metodologia e entender se poderá ser mais benéfica para sua técnica.

Mesociclos

Mesociclos são ciclos de treinamento de média duração que normalmente contêm mais de 2 a 6 microciclos inter-relacionados. Estes microciclos servem como uma unidade recorrente ao longo de um período de várias semanas ao longo da extensão do mesociclo. Como o mesociclo configura o período mínimo de tempo necessário para produzir uma adaptação mensurável e relativamente estável, este período especial foi denominado "biociclo de adaptação". Um biociclo configura as unidades funcionais dos períodos, que geralmente envolvem entre 3 e 6 semanas. Cada microciclo dentro de cada mesociclo particular deve ter seus próprios objetivos específicos, os quais devem ser consistentemente integrados com o propósito geral de todo o mesociclo e fase do treinamento. Portanto, o mesociclo envolve um período de tempo específico e fundamental sobre o qual os objetivos de treinamento devem ser posteriormente estabelecidos ao longo da temporada[9].

É importante destacar que, em programas de condicionamento extremo, a adaptação mensurável e relativamente estável não se refere simplesmente a uma determinada valência. Em virtude de sua característica de aptidão ampla, geral e inclusiva, o mesociclo em programas de condicionamento extremo procura adaptações mensuráveis, ou seja, pode-se integrar mais de uma valência física ou capacidade biomotora.

Microciclo

Esta estrutura visa a objetivos de treinamento muito específicos que servem de base para alcançar as metas estabelecidas para o mesociclo. Um microciclo envolve uma série de sessões de treinamento adequadamente inter-relacionadas para alcançar um ou mais objetivos específicos. É geralmente aceito que um microciclo pode variar de alguns dias a 14 dias de duração, sendo a duração mais comum de 7 dias. A duração do microciclo dependerá da sua característica; por exemplo, um microciclo restaurador pode durar de poucos dias a 7 ou mais dias, mas os microciclos de choque geralmente se estendem entre 7 e 14 dias. O microciclo é a mais importante ferramenta de planejamento funcional no processo de treinamento. A estrutura e o conteúdo do microciclo determinam a qualidade do processo de treinamento.

De acordo com Bompa e Haff[7], o *coach*/treinador deve considerar muitos fatores quando estiver estruturando os microciclos do plano de treinamento, como:

- O objetivo do microciclo e os fatores de treinamento dominantes.
- A demanda de treinamento (p. ex., número de sessões, número de horas, volume, intensidade e complexidade) visada durante o microciclo.
- A intensidade e as flutuações de intensidade contidas no microciclo.
- Os métodos que serão usados para induzir o estímulo de treinamento em cada sessão.
- Os dias em que o treinamento e a competição ocorrerão (se aplicável).
- A necessidade de alterar a intensidade a cada dia. Uma possibilidade é iniciar o microciclo com uma sessão de treinamento de baixa ou média intensidade e prosseguir com intensidade crescente.
- O calendário de competições no contexto do microciclo. Quando o microciclo leva a uma competição, a sessão de treinamento de intensidade mais alta ou máxima deve ocorrer 3 a 5 dias antes do evento.

A dinâmica do microciclo é ditada por muitos fatores, incluindo a fase do treinamento, o *status* de desenvolvimento do atleta e a ênfase no fator de treinamento (p. ex., preparação física ou técnica). Um dos fatores mais importantes a ditar a estrutura do microciclo nos programas de condicionamento extremo é o nível de desenvolvimento do atleta ou praticante e sua capacidade de treinamento. Por exemplo, um atleta altamente treinado pode ser capaz de tolerar uma densidade maior de sessões de treinamento realizadas em intensidades mais altas que um atleta novato ou menos desenvolvido[7].

O número de sessões que o atleta pode tolerar sem que ocorra *overtraining* é ditado por seu nível de desenvolvimento e preparação; sendo assim, a aplicação de volume e frequência semanal difere entre iniciantes e avançados. Existe uma variedade de estrutura de microciclos, e sua aplicação dependerá única e exclusivamente do nível de condicionamento do atleta/praticante. Nos programas de condicionamento extremo foi adotada, de maneira errônea, a padronização para quase todos os atletas/praticantes de um microciclo de 3 + 1 + 2 + 1 (3 dias de treinamento mais 1 dia de descanso com mais 2 dias de treino e 1 dia de descanso). É importante frisar que o dia de recuperação não deve ser estabelecido de forma padronizada entre todos os praticantes, mas sim de acordo com a necessidade de cada um. As Tabelas 3 a 9 apresentam diferentes formas de organização dos microciclos. Essas formas dizem respeito à quantidade de treinos realizados por semana e o período de descanso. Mais uma vez, é importante frisar que a organização dos microciclos vai depender do atleta e da fase em que ele se encontra. De forma bem geral, é normal que, durante as fases

Tabela 3 Microciclo com três sessões de treinamento por semana

Tempo da sessão	Dia da semana						
	Segunda	Terça	Quarta	Quinta	Sexta	Sábado	Domingo
Manhã	–	–	–	–	–	–	–
Tarde	Treino	–	Treino	–	Treino	–	–

Tabela 4 Microciclo com quatro sessões de treinamento por semana

Tempo da sessão	Dia da semana						
	Segunda	Terça	Quarta	Quinta	Sexta	Sábado	Domingo
Manhã	Treino	–	Treino	–	Treino	Treino	–
Tarde	–	–	–	–	–	–	–

Tabela 5 Microciclo com cinco sessões de treinamento por semana

Tempo da sessão	Dia da semana						
	Segunda	Terça	Quarta	Quinta	Sexta	Sábado	Domingo
Manhã	Treino	–	Treino	Treino	Treino	Treino	–
Tarde	–	–	–	–	–	–	–

Tabela 6 Microciclo com cinco sessões de treinamento por semana (3 + 1 + 2 + 1)

Tempo da sessão	Dia da semana						
	Segunda	Terça	Quarta	Quinta	Sexta	Sábado	Domingo
Manhã	Treino	Treino	Treino	–	Treino	Treino	–
Tarde	–	–	–	–	–	–	–

Tabela 7 Microciclo com seis sessões de treinamento por semana

Tempo da sessão	Dia da semana						
	Segunda	Terça	Quarta	Quinta	Sexta	Sábado	Domingo
Manhã	Treino	–	Treino	–	Treino	–	–
Tarde	Treino	–	Treino	–	Treino	–	–

Tabela 8 Microciclo com sete sessões de treinamento por semana

Tempo da sessão	Dia da semana						
	Segunda	Terça	Quarta	Quinta	Sexta	Sábado	Domingo
Manhã	Treino	–	Treino	–	Treino	Treino	–
Tarde	Treino	–	Treino	–	Treino	–	–

Tabela 9 Microciclo com oito sessões de treinamento por semana

Tempo da sessão	Dia da semana						
	Segunda	Terça	Quarta	Quinta	Sexta	Sábado	Domingo
Manhã	Treino	Treino	–	Treino	–	Treino	–
Tarde	Treino	Treino	–	Treino	–	Treino	–

preparatórias, os microciclos apresentem mais dias de treinamento e, durante a fase competitiva, apresente menos dias de treino e maior período de descanso.

De acordo com Bompa e Haff[7], um aspecto adicional da estrutura do microciclo relaciona-se a variações em intensidade e demanda de treinamento. As dinâmicas do treinamento não devem ser uniformes em todo o microciclo, mas sim variar de acordo com as características do treinamento, o tipo de microciclo usado e a fase do plano de treinamento atual. Caso não haja variações, aumentará a monotonia do treinamento (que será abordado no Capítulo 4). A intensidade do treinamento pode alternar entre as seis zonas de intensidade, variando de muito alta (90-100% do máximo) a uma sessão de recuperação em

Tabela 10 Zonas de intensidade e demanda de treino

Zona de intensidade	Demanda de treinamento	Desempenho máximo (%)	Intensidade
5	Muito alta	90-100	Máxima
4	Alta	80-90	Alta
3	Média	70-80	Média
2	Baixa	50-70	Baixa
1	Muito baixa	< 50	Muito baixa
Recuperação	Recuperação	Nenhum treinamento	Recuperação

que nenhum treinamento é realizado (Tabela 10). Essas alterações são ditadas pelos objetivos do microciclo.

Um sistema de classificação de microciclos específicos foi proposto por Matveyev (apud Naclerio et al., 2013)[9]:

- Microciclo introdutório: para permitir que o atleta se adapte a novas condições de treino ou para assegurar a preparação da competição (Figura 3).

  Estes microciclos não incluem sessão de volume máximo e não é recomendado envolver um alto volume de treinamento. Nos programas de condicionamento extremo, os microciclos introdutórios podem ser aplicados para ensinar novas habilidades técnicas, corrigir erros ou ajustar as cargas de treinamento. Além disso, são utilizados como uma forma de "barômetro do treinamento", para determinar se as atividades de treinamento prescritas são apropriadas para a idade do atleta ou maturação, bem como o nível de desempenho da programação de treinamento[6,9]. Os microciclos introdutórios ou aplicados são geralmente incluídos no mesociclo com duração entre 5 e 7 dias.
- Microciclo normal ou moderado: carga de treinamento intermediária. Estes microciclos são os mais utilizados ao longo do plano anual, representando cerca de 50% ou mais do total de microciclos do macrociclo estruturado[9]. Microciclos-padrão são classicamente definidos como baixos ou altos. A escolha racional para tais classificações é pelo número de sessões de volume de carga máxima[9]. O modelo mais simples seria o seguinte:
  - Microciclos de baixo padrão geralmente não incluem sessões de volume máximo. Estes microciclos incluem uma sessão de alto volume e são mais semelhantes aos microciclos introdutórios.
  - Os microciclos de alto padrão são mais comuns e incluem sessões com cargas elevadas, estando perto de microciclos de choque. Microciclos-padrão geralmente são incluídos no início ou após o microciclo introdutório.

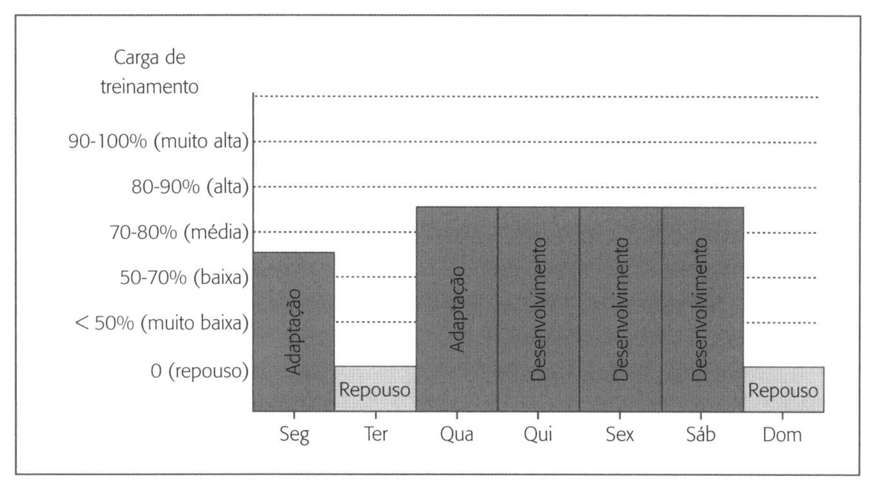

Figura 3 **Microciclo introdutório. As unidades de treino de desenvolvimento não atingem 80% do desempenho máximo e podem ser realizadas por vários dias seguidos, antes do repouso. Normalmente, os dias consecutivos de unidades de treinamento de desenvolvimento são precedidos de um repouso ou adaptação.**

- Microciclo de choque: aumento significativo na carga para o microciclo anterior. Estes microciclos são geralmente incluídos durante uma pré-temporada, quando há necessidade de estimular profundas adaptações em fases específicas do ciclo de treinamento. Como regra, os microciclos de choque devem ser seguidos por microciclos regenerativos ou de recuperação. Não é recomendado utilizar microciclos de choque durante um período com competições frequentes. O alto nível de fadiga determinado pelo microciclo de choque, além do desempenho prejudicado, pode contribuir para maior risco de lesão ou *overreaching*. Como será discutido nos próximos capítulos, os *coachs*/treinadores devem trabalhar em estreita colaboração para cuidadosamente controlar e monitorar os desempenhos dos atletas durante esses microciclos extremamente desafiadores[6,9]. Apesar dos programas de condicionamento extremo terem como característica a alta intensidade de exercício, não se pode confundir essa intensidade com a possibilidade de realização de grandes períodos com microciclos de choque, o que pode aumentar exponencialmente o risco da síndrome de *overtraining*. Os microciclos de choque têm como principal característica a realização de unidades de treino em desempenho máximo, ou seja, na zona 5 de intensidade. Entretanto, mesmo em microciclo de choque, nem todas as unidades de treinamento podem ser realizadas na zona 5 de intensidade,

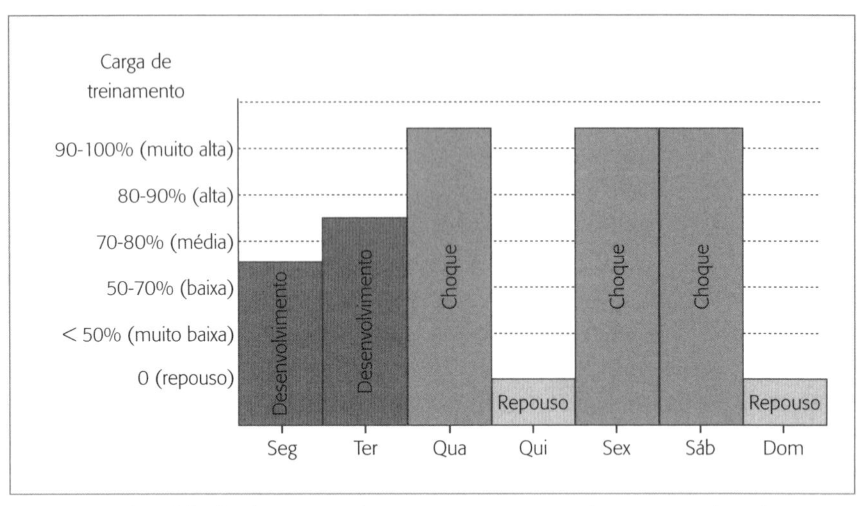

Figura 4 Microciclo de choque. Variante que contém uma leve sessão de treinamento de recuperação na quinta-feira, entre as unidades de treinamento na zona 5 de intensidade.

Fonte: adaptada de Bompa e Haff, 2009[7].

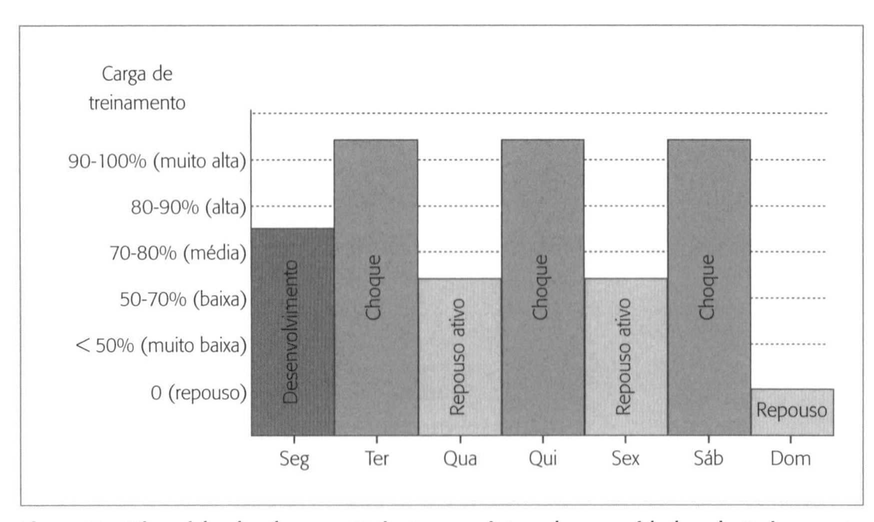

Figura 5 Microciclo de choque. Variante que intercala as unidades de treinamento de choque, na zona 5 de intensidade, com repouso ativo de intensidade mais baixa.

Fonte: adaptada de Bompa e Haff, 2009[7].

e períodos de repouso durante esse tipo de microciclo também são fundamentais (Figuras 4 e 5).

- Microciclo de competição: a preparação para a competição. Estes microciclos destinam-se a preparar os atletas para a competição. Embora o volume desses microciclos possa ser tão baixo quanto para os microciclos de recuperação, seus propósitos são diferentes. O objetivo desses microciclos é potencializar o desempenho do atleta para competições ou testes específicos. Antes de começar um microciclo de competição, os atletas devem estar adequadamente recuperados e serem capazes de realizar exercícios de alta intensidade[9]. Estes tipos de microciclos devem gerar uma fadiga aguda que permita a rápida recuperação para os treinos seguintes ou competição. Assim, as características metabólicas de um treino de condicionamento extremo, como uma grande quantidade de tarefas e repetições, devem ser evitadas nesta fase. Deverá existir a preocupação para o apuramento da técnica e tática em altas intensidades de exercício, mas que permitam a rápida recuperação. Ou seja, mesmo que o exercício seja realizado em alta intensidade, a sobrecarga geral deve ser pequena.
- Microciclo de transição ou recuperação: microciclo após uma competição ou ciclos de choque (Figura 6). Estes microciclos são destinados a ajudar o organismo na recuperação do ciclo anterior (choque) ou vários microciclos-padrão. O objetivo principal desses microciclos é levar os atletas ao nível de

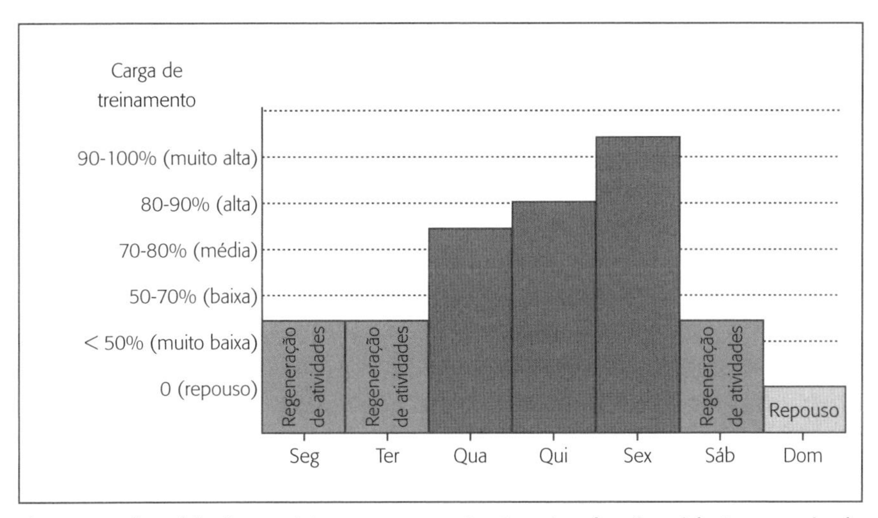

Figura 6 Microciclo de transição ou recuperação. Este tipo de microciclo é caracterizado por várias unidades de treinamento na zona 1 de intensidade e poderá apresentar uma unidade de treinamento na zona 5 com objetivo de monitoramento da recuperação.

desempenho necessário para continuar com a próxima fase de treinamento. Os microciclos restauradores devem começar com uma sessão regenerativa (exercícios de baixo volume e baixa intensidade). A sessão final desses microciclos geralmente envolve a aplicação de treinamento mais intenso com o objetivo de monitorar o processo de recuperação. Microciclos regenerativos geralmente duram entre 3 e 5 dias, mas, dependendo do nível de recuperação do atleta, esse período pode ser superior, principalmente quando o período de tempo entre competições permite essa extensão. O *tapering* pode ser incluso nos microciclos de recuperação, apesar de ser utilizado em fases antecedentes. Por ser uma fase específica e muito importante do treinamento para atingir a *performance* máxima, o *tapering* será abordado em seguida[9].

Tapering

A capacidade de realizar o mais alto nível de desempenho em uma determinada competição durante o calendário competitivo é um aspecto crítico do desempenho atlético. A elevação do desempenho é muitas vezes relatada como fase de pico, porque a capacidade de desempenho geral do atleta é elevada ao seu nível mais importante. Tradicionalmente, o pico é alcançado com uma redução da carga de treinamento em períodos predeterminados pelo calendário competitivo contido no programa anual de treinamento (macrociclo). Essa redução na carga de treinamento é frequentemente denominada *taper* e é um aspecto significativo para a preparação de atletas[7].

O *tapering* é descrito como a fase do treinamento antecedente às diversas competições realizadas pelos atletas, sendo o momento da periodização em que a carga de treino é reduzida visando à minimização do estresse fisiológico, biomecânico e psicológico, acarretando a maximização do desempenho. Durante essa fase do treinamento, os *coaches* tentam trabalhar a recuperação completa para que ocorram as adaptações das cargas impostas em microciclos anteriores (geralmente microciclos de choque antecedem a fase do *tapering*), promovendo picos no desempenho antes de uma competição importante[10].

Gerenciando a carga de treinamento durante o *tapering*

A carga de treinamento ou o estímulo de treinamento no esporte podem ser descritos como uma combinação da intensidade, do volume e da frequência de treinamento. A carga de treinamento é marcadamente reduzida durante o *tapering* em uma tentativa de reduzir a fadiga acumulada, mas a redução do treinamento não pode ser prejudicial às adaptações induzidas durante o treinamento (Figura 7). Um estímulo de treinamento insuficiente pode resultar em uma perda parcial de adaptações anatômicas, fisiológicas e de desempenho

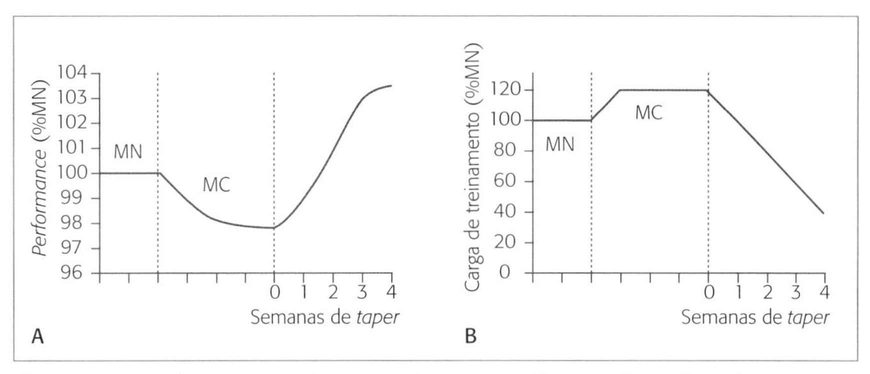

Figura 7 A: Mudanças na *performance* durante as diferentes fases do treinamento. B: Mudanças percentuais na carga de treinamento de acordo com as fases em um grupo de nadadores de elite. A carga de treinamento durante as semanas de *taper* é reduzida com o objetivo de aumentar a *performance*. MC: microciclo de choque; MN: microciclo normal.

Fonte: adaptada de Mujika, 2009[13].

induzidas pelo treinamento, fato conhecido como destreinamento. Portanto, atletas e seus treinadores devem determinar até que ponto a carga de treinamento pode ser reduzida à custa dos componentes do treino, mantendo ou mesmo melhorando as adaptações[11].

A relação da diminuição do volume, da intensidade e da frequência do treinamento durante a fase do *tapering* foi analisada em uma metanálise realizada por Bosquet et al.[12]. De acordo com os pesquisadores, as melhores respostas para as adaptações no desempenho físico após o *tapering* foram quando a intensidade do treinamento foi mantida, o volume reduzido entre 41 e 60% e sem alteração na frequência de treinamento, com duração de duas semanas. Entretanto, o estudo foi realizado com praticantes de corrida, natação e ciclismo e essas respostas podem não ser semelhantes para programas de condicionamento extremo.

No que tange aos esportes de força, recentemente, Grgic e Mikulic[14] exploraram a prática do *tapering* entre dez atletas campeões de *powerlifting* da Croácia. Os atletas reportaram uma diminuição no volume de treinamento durante a fase do *taper* em aproximadamente 50% usando o tipo *step* ou exponencial com rápido decaimento (tipos de *tapering* que serão discutidos em seguida). Em relação à intensidade, os atletas reportaram manter ou aumentar durante o *taper* e os maiores valores da intensidade do treinamento foram realizados aproximadamente oito dias antes da competição. Além disso, a frequência do treinamento foi mantida ou reduzida ao longo do *taper*; no entanto, na semana da competição, os atletas realizavam seu último treino três dias antes da prova. A média da duração do *taper* foi de 24 dias em atletas considerados com maior coeficiente Wilks (melhores atletas) e de 9 dias em atletas com menor coeficiente Wilks.

A premissa da utilização do *tapering* está na melhora do desempenho durante uma competição importante[15]. Diversos estudos têm analisado os efeitos da prática do *tapering* no desempenho e nas alterações fisiológicas, como o aumento do glicogênio muscular[11], o aumento de enzimas oxidativas[16], na redução da resposta inflamatória em estado de repouso[17], o aumento da força e potência muscular[18], o aumento do $VO_{2máx}$[19]; por fim, o aumento no desempenho atlético[17,19,20], entre outros (Tabela 11).

Assim, é altamente favorável para o atleta a prática do *tapering* imediatamente antes das competições, uma vez que permite a maximização da *performance* com ausência de fadiga. A Tabela 12 apresenta um guia prático de como utilizar o *tapering* em programas de condicionamento extremo.

Tabela 11 Objetivos primários do *tapering*

Respostas para reduzir o estresse do treinamento	Efeitos potenciais do *tapering*
Respostas globais	Redução da fadiga cumulativa Aumento da capacidade de *performance* Pequeno aumento na aptidão física
Respostas hormonais	Aumento da concentração de testosterona Diminuição da concentração de cortisol Aumento na relação testosterona/cortisol
Respostas hematológicas	Aumento no volume de eritrócitos Aumento no hematócrito Aumento da hemoglobina Aumento da haptoglobina Aumento nos reticulócitos
Adaptações musculares	Aumento do diâmetro das fibras do tipo IIa Aumento da força das fibras do tipo IIa Aumento da potência das fibras do tipo IIa
Respostas bioquímicas	Diminuição da creatinoquinase sanguínea
Respostas psicológicas	Diminuição na percepção de esforço Diminuição dos distúrbios gerais de humor Diminuição da percepção de fadiga Aumento no vigor Aumento da qualidade do sono

Adaptado de Mujika, 2009[13], e Luden et al., 2010[21].

Tabela 12 Recomendações gerais para a fase de *tapering* em programas de condicionamento extremo

1. Criar progressões individualizadas em um modelo não linear de *taper*
2. Reduzir o volume de treinamento entre 40-60% dos volumes de treino anteriores ao período de *taper*
3. Usar intensidades moderadas a vigorosas durante o período de *taper* com o objetivo de evitar os efeitos do destreinamento (involução)
4. Manter a frequência de treinamentos ≥ 80% das frequências de treinamento anteriores ao período de *taper*
5. Duração do período de *taper* entre 1-4 semanas; 8-14 dias é o período mais frequentemente usado

Adaptado de Bompa e Haff, 2009[7].

Tipos de tapering

Mujika e Padilla[10] identificam quatro tipos de padrões de tapering: *tapering* linear, *tapering* exponencial com diminuição lenta ou rápida da carga de treino, e *step tapering* (ou *tapering* não progressivo) (Figura 8). A maioria dos estudos disponíveis utilizou uma diminuição progressiva da carga de treinamento. Os

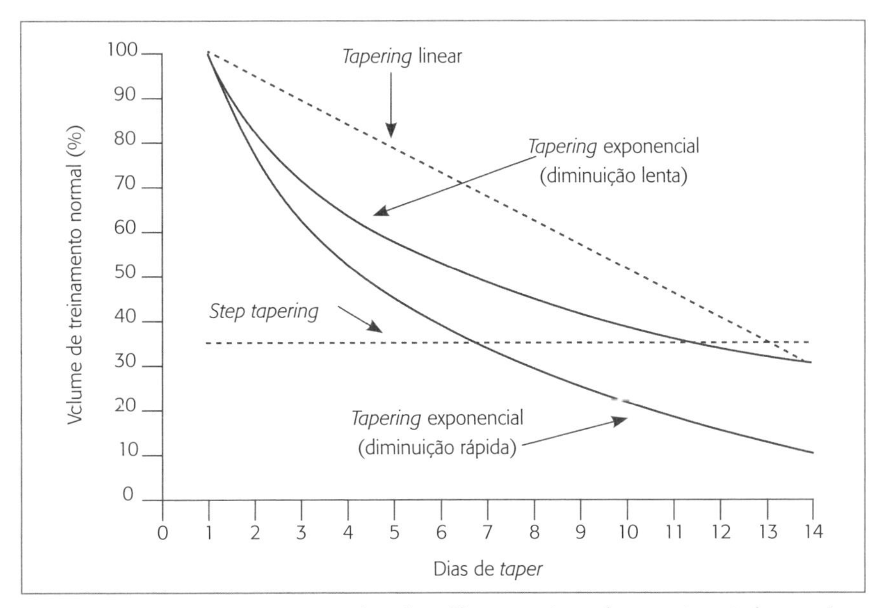

Figura 8 Representação esquemática dos diferentes tipos de *tapering*. Todos os tipos apresentam redução progressiva do volume de treino ao longo dos dias, com exceção do *step tapering*, em que a redução é drástica no primeiro dia e se mantém ao longo dos dias.

Fonte: adaptada de Mujika e Padilla, 2003[10].

estudos de Banister et al.[22], e Bosquet et al.[23] relataram melhores respostas no desempenho após o *tapering* progressivo quando comparado com o *step tapering*. No entanto, Bosquet et al.[23] não foram capazes de abordar o efeito do tipo de *tapering* progressivo (i.e., linear ou exponencial, com decaimento rápido ou lento da carga de treino) no desempenho. As recomendações propostas no trabalho de Banister et al.[22] com os triatletas, que sugerem um decaimento rápido com um menor volume de treinamento, foram mais benéficas para o desempenho do ciclismo e da corrida que o decaimento lento da carga de treinamento. Mais uma vez, a literatura em programas de condicionamento extremo ainda é limitada. Assim, aconselha-se aos *coaches* discutir a melhor forma de realização do *tapering* para seus atletas. Uma premissa deve ser cumprida: o volume de treinamento deve ser reduzido por no mínimo duas semanas, e a intensidade do exercício durante esse período deve se manter ou até aumentar.

Referências bibliográficas

1. DeWeese BH, Hornsby G, Stone M, Stone MH. The training process: planning for strength-power training in track and field. Part 1: Theoretical aspects. J Sport Health Sci. 2015;4:308-17.
2. Prestes J, Foschini D, Marchetti P, Charro MA, Tibana RA. Prescrição e periodização do treinamento de força em academias. Barueri: Manole; 2016.
3. Monteiro AG. Treinamento personalizado: uma abordagem didático-metodológica. 3. ed. São Paulo: Phorte; 2006.
4. Bompa TO. Periodization: theory and methodology of training. 4. ed. Champaign: Human Kinetics; 1999.
5. Zatsiorsky VM, Kraemer WJ. Ciência e prática do treinamento de força. São Paulo: Phorte; 2008.
6. Smith DJ. A framework for understanding the training process leading to elite performance. Sports Med. 2003;33(15):1103-26.
7. Bompa TO, Haff GG. Periodization: theory and methodology of training. 5. ed. Champaign: Human Kinetics; 2009.
8. Platonov V. Tratado geral de treinamento desportivo. São Paulo: Phorte; 2008.
9. Naclerio F, Moody J, Chapman M. Applied periodization: a methodological approach. J Hum Sport Exerc. 2013;8(2):350-66.
10. Mujika I, Padilla S. Scientific bases for precompetition tapering strategies. Med Sci Sports Exerc. 2003;35(7):1182-7.
11. Le Meur YL, Hausswirth C, Mujika I. Tapering for competition: a review. Sci Sports. 2012;27:77-87.
12. Bosquet L, Montpetit J, Arvisais D, Mujika I. Effects of tapering on performance: a meta-analysis. Med Sci Sports Exerc. 2007;39(8):1358-65.

13. Mujika I. Tapering and peaking for optimal performance. Champaign: Human Kinetics; 2009.
14. Grgic J, Mikulic P. Tapering practices of Croatian open-class powerlifting champions. J Strength Cond Res. 2016 Oct 27. [Epub ahead of print]
15. Houmard J, Scott B, Justice L, Chenier TC. The effects of taper on performance in distance runners. Med Sci Sports Exerc. 1994;26:624-31.
16. Neary J, Martin T, Reid DC, Burnham R, Quinney HA. The effects of a reduced exercise duration taper programme on performance and muscle enzymes of endurance cyclists. Eur J Appl Occup Physiol. 1992;65:30-6.
17. Farhangimaleki N, Zehsaz F, Tiidus PM. The effect of tapering period on plasma pro-inflammatory cytokine levels and performance in elite male cyclists. J Sports Sci Med. 2009;8:600-6.
18. Andre B, Anton R, Jiguo Y. Effects and mechanisms of tapering in maximizing muscular power. Sport Art. 2013;1(1):18-23.
19. Mujika I, Goya A, Ruiz E, Grijalba A, Santisteban J, Padilla S. Physiological and performance responses to a 6-day taper in middle-distance runners: influence of training frequency. Int J Sports Med. 2002;23(5):367-73.
20. Hovanlo F, Khosrow E, Alizadeh R, Davodi A. The effects of two tapering methods on physical and physiological factors in amateur soccer players. World J Sport Sci. 2012;6(2):194-9.
21. Luden N, Hayes E, Galpin A, Minchev K, Jemiolo B, Raue U, et al. Myocellular basis for tapering in competitive distance runners. J Appl Physiol. 2010;108(6):1501-9.
22. Banister EW, Carter JB, Zarkadas PC. Training theory and taper: validation in triathlon athletes. Eur J Appl Physiol Occup Physiol. 1999;79(2):182-91.
23. Bosquet L, Montpetit J, Arvisais D, Mujika I. Effects of tapering on performance: a meta-analysis. Med Sci Sports Exerc. 2007;39(8):1358-65.
24. Mujika I, Padilla S. Detraining: loss of training-induced physiological and performance adaptations part I: short-term insufficient training stimulus. Sports Med. 2000;30(2):9-87.

CAPÍTULO 3

Overtraining em programas de condicionamento físico extremo: uma abordagem prática

Nuno Manuel Frade de Sousa
Ramires Alsamir Tibana

OBJETIVOS

- Identificar e compreender os principais fatores associados ao risco de *overtraining* em programas de condicionamento extremo.
- Compreender o *continuum* da fadiga e os diferentes termos e definições relacionados com o *overtraining*.
- Entender a síndrome do *overtraining* como um processo final do *continuum* da fadiga.
- Identificar os principais procedimentos para a prevenção da síndrome do *overtraining* e compreender a importância do diagnóstico precoce.
- Diferenciar fatores associados ao risco de *overtraining* dos fatores de confusão para um diagnóstico correto da síndrome do *overtraining* em programas de condicionamento extremo.

Fatores associados ao risco de *overtraining* em programas de condicionamento extremo

A fadiga é um sintoma normal e desejado do processo de treinamento tradicional e, em programas de condicionamento físico extremo, isso não é diferente. Quando existe um equilíbrio entre o estresse físico e a recuperação, os atletas evidenciam uma fadiga aguda em resposta a sessões de treinamento individuais e se recuperam em horas ou dias. Entretanto, se o treinamento intensificado continua sem um adequado tempo de recuperação, os atletas podem entrar em diferentes estados de fadiga, como os estados de *overreaching* funcional, *overreaching* não funcional e, finalmente, a síndrome do *overtraining*[1,2]. A síndrome do *overtraining* é um estado caracterizado pela redução da *performance* e frequentemente acompanhado por distúrbios psicológicos por um longo período de tempo, que, na maioria das vezes, culmina em redução, abandono temporário ou definitivo do processo de treinamento[2]. Como se pode observar pela definição da síndrome do *overtraining*, este estado deve ser altamente evitado, uma vez que altera profundamente os objetivos e as metas que atleta e *coach* possam ter planejado para a temporada esportiva.

Antes de se definir cada etapa do processo de fadiga que pode culminar na síndrome do *overtraining*, é importante observar os principais fatores que podem levar um atleta a esse estado e o quanto esses fatores podem estar presentes em programas de condicionamento extremo (Tabela 1).

Segundo o posicionamento conjunto do American College of Sports Medicine (ACSM) e do European College of Sports Science (ECSS)[2], o aumento da carga de treinamento sem adequada recuperação é o principal gatilho para o desenvolvimento da síndrome do *overtraining*, o que pode ser muito frequente em programas de condicionamento extremo por sua característica específica de altas intensidades com grandes volumes de treinamento. Dessa forma, esse fator deve ser tratado com muito cuidado no desenvolvimento de um programa de condicionamento extremo. Se o aumento da carga de treinamento é um fator inevitável desse tipo de programa, deve haver uma reflexão adequada para a definição do tempo de recuperação, prevenindo, assim, o desenvolvimento do *overtraining* a longo prazo. O treinamento monótono, o número excessivo de competições e fatores de estresse pessoal e emocional também aparecem como fatores importantes para o desenvolvimento da síndrome do *overtraining* em esportes tradicionais. Programas de condicionamento extremo tendem a não ser nada monótonos, uma vez que apresentam uma variedade de ações que os tornam sempre diferentes de sessão para sessão. Entretanto, ao se considerar

Tabela 1 Principais fatores que podem levar um atleta à síndrome do *overtraining* e sua presença em programas de condicionamento extremo

Aumento da carga de treinamento sem recuperação adequada	Muito frequente
Treino monótono	Pouco frequente
Número excessivo de competições	Frequente (tendência)
Fatores de estresse na vida pessoal (família, relações) ou laboral	Frequente
Distúrbios do sono ou poucas horas de sono	Frequente
Alimentação inadequada	Frequente
Doenças prévias	Pouco frequente
Exposição à altitude	Rara
Episódios de exposição ao treinamento em ambientes quentes	Depende do local de treino

a monotonia com pouca alteração da carga de treinamento ao longo da semana (ver Capítulo 4, "Monitorando a resposta ao treinamento"), os programas de condicionamento extremo também podem apresentar monotonia. Nesse sentido, a falta de alteração da carga de treinamento durante a semana também pode ser um fator para o desenvolvimento do *overtraining*. Assim, nem sempre, o fato de se realizarem diferentes exercícios ou ações, característica de programas de condicionamento extremo, é sinônimo de monotonia de treino. O número excessivo de competições é um fator que tende a aumentar à medida que esses tipos de programas ganham mais simpatizantes. Acredita-se que, hoje, ainda não seja um fator de *overtraining*, mas rapidamente pode se tornar em um dos principais, pelo crescimento exponencial da modalidade.

Estresse da vida pessoal e laboral, distúrbios do sono e alimentação inadequada continuam a ser fatores de extrema importância, pois os atletas de condicionamento extremo ainda não são profissionais. Dessa forma, são três fatores não totalmente controlados por *coaches* nem por atletas, uma vez que a vida dupla de atleta/profissão ainda é muito comum nesses casos. Não há dúvida de que existe uma conscientização para esses três fatores e, hoje em dia, com o auxílio de psicólogos do esporte e nutricionistas, esses fatores são minimizados. Quando não há nenhum controle desses três fatores, existe a tendência de o atleta não suportar as rotinas de treinamento e abandonar a modalidade. Os demais fatores apresentados na Tabela 1 são mais específicos e estarão presentes em um número limitado de pessoas, como indivíduos com possibilidade de experimentar altitude para treinamento ou indivíduos que treinam em regiões muito quentes, tornando esse ambiente especial. É importante destacar que as doenças prévias também podem ser um fator-gatilho para o desenvolvimento do *overtraining* e, portanto, uma boa anamnese é fundamental.

O *overtraining* como estágio final do *continuum* da fadiga

Como mencionado anteriormente, o sucesso de um programa de condicionamento físico deve não só envolver a sobrecarga de treinamento, mas também evitar a excessiva sobrecarga com períodos inadequados de recuperação. O processo de intensificação do treinamento é frequentemente usado por atletas com o objetivo de aumentar a *performance*. Como consequência, o atleta pode vivenciar momentos agudos de fadiga e diminuição de *performance* após uma única sessão ou um período intenso de treino. A fadiga aguda resultante, após um adequado período de recuperação, pode ser seguida por adaptações positivas ou melhorias na *performance* e é a base dos programas de treinamento eficientes. Entretanto, se o equilíbrio entre o estresse do treinamento e a recuperação não for adequado, pode ocorrer uma resposta anormal e um processo de fadiga crônica, que pode culminar no *overtraining*. Assim, mais que um processo inerente ao treinamento físico, a fadiga pode ser entendida como um *continuum*, para o qual várias nomenclaturas foram criadas a fim de se explicar todo esse processo ao longo do treinamento, desde a fadiga aguda desejada até a síndrome do *overtraining*[2]. A Figura 1 apresenta esse *continuum* da fadiga com os diferentes termos e definições relacionados com o *overtraining*.

A *performance* física em programas de condicionamento extremo deve se manter alta durante longos períodos de tempo; entretanto, em virtude das características desse tipo de treinamento, a fadiga aguda pode ser persistente, o que pode provocar um avanço no *continuum* da fadiga e atingir o *overreaching*. Nesse momento, caso o atleta não respeite o equilíbrio entre o treinamento e a recuperação, o *overreaching* funcional pode evoluir para *overreaching* não funcional. Nesse estágio do *continuum* da fadiga, ocorrerão os primeiros sinais e sintomas, como diminuição da *performance*, distúrbios psicológicos (diminuição do vigor, aumento da irritabilidade) e hormonais, e os atletas precisarão de semanas a meses para se recuperarem. A distinção entre o *overreaching* não funcional e a síndrome do *overtraining* é muito complexa e depende de resultados clínicos e diagnóstico de exclusão, uma vez que o atleta mostrará os mesmos sinais e sintomas clínicos, hormonais e outros. Assim,

Continuum da fadiga	Termo	Definição	Diminuição da *performance*
	Fadiga aguda	Fadiga resultante de uma sessão de treinamento	Dia(s) Efeito positivo
	Overreaching funcional	Aumento do treinamento levando a uma diminuição temporária da *performance* com posterior aumento após adequada recuperação	Dias a semanas Efeito positivo (supercompensação)
	Overreaching não funcional	Período de treinamento intenso levando a uma diminuição da *performance* por períodos longos, mas com total recuperação após repouso; acompanhado por aumento de sintomas psicológicos e neuroendócrinos	Semanas a meses Efeito negativo decorrente dos sintomas e da perda do tempo de treino
	Síndrome do *overtraining*	Coerente com o *overreaching* não funcional extremo, mas com (1) diminuição mais longa da *performance* (> 2 meses), (2) sintomatologia mais grave e adaptações fisiológicas negativas (sistemas neurológico, endócrino, imunológico e psicológico) (3) e um fator de estresse adicional não explicado por outras doenças	Meses Efeito negativo decorrente dos sintomas e do risco de abandono de carreira do atleta

Figura 1 *Continuum* da fadiga, termos e definições de *overtraining*.

o diagnóstico de síndrome do *overtraining* só pode ser realizado retrospectivamente quando existiu um tempo elevado de supervisão. O termo-chave da síndrome do *overtraining* é má adaptação prolongada, não apenas do atleta, mas também de vários mecanismos de regulação biológicos, neuroquímicos e hormonais[2].

Após instalado, o tratamento do *overreaching* não funcional e da síndrome do *overtraining* é complexo e deve ter abordagem multidisciplinar, passando sempre por interrupção do treinamento e acompanhamento com psicólogo[2,3]. Entretanto, a maior preocupação deve ser pela prevenção do *overtraining*, evitando a ausência nos treinos e queda da *performance*. Dessa forma, finaliza-se este capítulo com uma abordagem prática para a prevenção e o diagnóstico de *overtraining* em programas de condicionamento extremo. Pretende-se, com esta abordagem, alertar os *coaches* para o registro do dia a dia de treinamento e, com isso, prevenir sua ocorrência.

Abordagem prática na prevenção e no diagnóstico da síndrome do *overtraining*

A observação da carga de treinamento, as medidas de *performance* e os questionários de estado de estresse podem ajudar a interromper a progressão do *overreaching* funcional para *overreaching* não funcional e síndrome do *overtraining*[2,4,5]. Entretanto, nenhum desses fatores descritos anteriormente terá validade se não existir um adequado histórico de acompanhamento dos treinos de um atleta. Assim, o acompanhamento diário e a educação esportiva do atleta são os maiores componentes da prevenção da síndrome do *overtraining*. Deve-se educar os atletas em risco de *overtraining* que um dos sinais iniciais de *overreaching* é o aumento da percepção de esforço para uma determinada carga de trabalho[5]. Além disso, é muito importante que o *coach* saiba se o treinamento aumentou para compensar a diminuição de *performance*. Por último, o histórico dos atletas deve incluir dados de treinamento (cargas de treinamento, monotonia etc.) e fatores de estresse pessoal (sono, família, trabalho), como forma de acompanhamento longitudinal do atleta[2] (tema abordado no Capítulo 4). A seguir, são relacionadas algumas medidas fundamentais para a prevenção do *overreaching* não funcional ou da síndrome do *overtraining* em programas de condicionamento extremo:

- Manter apropriada periodização do treinamento com intensidade e volume ajustados com base na *performance* e no estado emocional do momento, respeitando o momento pré-competitivo (*tapering*).

- Assegurar ingestão adequada de calorias, especificamente de carboidratos, para a carga de treinamento.
- Assegurar hidratação adequada.
- Assegurar sono adequado.
- Utilizar períodos de repouso superiores a 6 horas entre as sessões de treinamento.
- Abster-se de treinamento após infecções ou períodos de alto estresse.
- Evitar condições ambientais extremas, como excesso de calor ou frio.
- Utilizar questionários de perfil de estado de humor ou nível de estresse para identificar alterações[6,7].

Todas estas medidas de prevenção estão relacionadas com os principais fatores de risco para o *overtraining*[2]. Quando a prevenção não for realizada de forma adequada, é importante detectar o mais precocemente possível o *overtraining* que, segundo o *continuum* de fadiga, deve ocorrer imediatamente após o *overreaching* funcional. A síndrome do *overtraining* é um diagnóstico clínico e com análise histórica do atleta, consistindo em: *performance* diminuída mesmo após semanas ou meses de recuperação; alteração de humor; falta de sinais, sintomas ou diagnóstico de outras causas possíveis de baixa *performance*[2].

Considerando essa definição, existe uma análise prática que não pode deixar de ser realizada, de acordo com os três pontos que acompanham a síndrome do *overtraining*. Considerando o primeiro ponto, se um determinado atleta apresenta diminuição da *performance* sem um período de descanso ou recuperação, a síndrome do *overtraining* não pode ser diagnosticada. Assim, em períodos de intensificação de cargas, a diminuição de *performance* não pode ser considerada fator-chave para o diagnóstico de *overtraining*. Por definição, esse atleta apresentará *overreaching* funcional *versus* não funcional, com possibilidade de desenvolvimento da síndrome de *overtraining*[2]. Nesse caso, o tempo de recuperação (período de treinamento sem intensificação das cargas) é essencial para identificar em que fase do *continuum* da fadiga ele se encontra. Caso a *performance* volte imediatamente após esse período, o atleta encontrava-se ainda no *overreaching* funcional. Por outro lado, se a *performance* demorar a voltar ao normal, o atleta pode ser diagnosticado com *overreaching* não funcional (< 20 dias de recuperação) ou mesmo síndrome do *overtraining* (> 20 dias de recuperação)[2]. A alteração no humor é outro ponto que pode ser influenciado por fatores externos à carga de treinamento ou mesmo à recuperação. Assim, uma alteração no estado de humor deve ser amplamente analisada para definir o foco de alteração, que pode estar totalmente diferenciada do processo de treinamento. Por último, existem algumas doenças que também alteram a *per-*

formance e influenciam diretamente a análise pelo terceiro ponto descrito anteriormente. Asma ou hiper-reatividade brônquica, doenças da tireoide, doença adrenal, *diabetes mellitus* ou *insipidus*, deficiência de ferro acompanhada ou não de anemia, infecções ou má nutrição são situações que podem explicar uma queda de *performance*. Nesse caso, deve-se tratar o problema e observar se a *performance* voltou ao normal para despistar o diagnóstico de síndrome do *overtraining*. Ou seja, apesar de o *overtraining* levar ao desenvolvimento de doenças, não se pode diagnosticar a síndrome do *overtraining* pela presença de determinadas doenças.

A dificuldade de diagnóstico da síndrome do *overtraining* faz com que exista a necessidade de identificar marcadores sensíveis ao treinamento e que não sejam afetados por outros fatores. As alterações nos marcadores devem ocorrer antes que a síndrome do *overtraining* esteja instalada, e as alterações em resposta ao exercício agudo devem ser distinguidas das alterações crônicas[2]. Por último e não menos importante em um programa de condicionamento físico extremo, o marcador deve ser relativamente fácil de mensurar e com uma rápida avaliação do resultado – se possível, não invasivo e de baixo custo. Nesse sentido, existem vários marcadores estudados na literatura, como:

- Marcadores bioquímicos e hormonais.
- Marcadores fisiológicos.
- Marcadores do sistema imunológico.
- Marcadores de *performance*.
- Marcadores psicológicos.

Infelizmente, nenhum dos marcadores citados cumpre todos os critérios sugeridos para que a síndrome do *overtraining* seja precocemente diagnosticada. Se a maioria dos marcadores bioquímicos, hormonais, fisiológicos e do sistema imunológico é invasiva e de custo elevado, marcadores de *performance* e psicológicos podem não ser específicos para identificar a síndrome do *overtraining*.

O ACSM, em conjunto com o ECSS[2], apresenta uma tabela e um fluxograma para auxiliar de forma prática o diagnóstico da síndrome do *overtraining*. Assim, considerando que a maioria dos *coaches* em programas de condicionamento físico extremo tem dificuldade de acesso aos métodos mais modernos ou tecnológicos para auxílio ao treinamento, apresenta-se aqui um roteiro prático para identificação da síndrome do *overtraining* em programas de condicionamento extremo. Deve-se salientar que esse roteiro é totalmente baseado na declaração conjunta do ACSM e do ECSS[2]. Pretende-se enfatizar os pontos mais específicos relacionados com programas de condicionamento extremo. A Tabela 2 apresenta um *checklist* para o diagnóstico da síndrome do *overtraining*.

Tabela 2 *Checklist* para diagnóstico da síndrome do *overtraining* (adaptado de Meeusen et al., 2013)[2]

O atleta está sentindo
Baixa *performance* inexplicável
Fadiga persistente
Sensação de esforço aumentado durante o treinamento
Alterações no sono
Critérios de exclusão
Estão presentes algumas doenças que podem confundir o diagnóstico? ▪ Anemia ▪ Vírus Epstein-Barr (herpes) ▪ Outras doenças infecciosas ▪ Dano muscular (alta concentração de CK) ▪ Doença de Lyme (transmitida por carrapato) ▪ Doenças endócrinas (*diabetes*, tireoide, adrenal etc.) ▪ Distúrbios graves no comportamento alimentar ▪ Anormalidades biológicas (aumento da sedimentação de eritrócitos, concentração aumentada de proteína C-reativa, creatinina, enzimas do fígado, diminuição de ferritina) ▪ Lesão (sistema musculoesquelético) ▪ Sintomas cardiológicos ▪ Asma diagnosticada em adulto ▪ Alergias
Existem erros na prescrição do treinamento? ▪ O volume de treinamento aumentou (> 5%; h/sem) ▪ A intensidade de treinamento aumentou ▪ A carga de treinamento apresentou alterações significativas ▪ Presença de monotonia no treino ▪ Número elevado de competições ▪ Exposição a ambientes especiais (altitude, calor, frio)
Outros fatores de confusão
Sinais e sintomas psicológicos (deturpação e inverdade no POMS, RESTQ-Sport, PSE, DALDA etc.)
Fatores sociais (família, relações interpessoais, trabalho, situação financeira, *coach*, tempo)
Recentes ou múltiplas alterações no fuso horário
Testes de *performance*
Existem valores de repouso registrados historicamente para comparar (*performance*, frequência cardíaca, hormônios, lactato etc.)?
Performance em um teste máximo
Performance em um teste submáximo ou específico ao esporte

Analisando a Tabela 2, alguns pontos relativos à maior especificidade podem ser discutidos, ou mesmo fatores de confusão em programas de condicionamento extremo. A sensação de esforço aumentado durante um programa de condicionamento extremo é bem recorrente. Nesse sentido, a comparação deve ser realizada com histórico de treinamento e não com a sensação aguda. Os distúrbios graves no comportamento alimentar são outro ponto que deve ser analisado atentamente, uma vez que programas de condicionamento físico extremo tendem a ser alvos de dietas que podem não corresponder à real necessidade do programa. São frequentemente associadas dietas com baixo valor calórico de carboidratos e alto teor de proteínas, o que pode se tornar um padrão não adequado para o tipo de treinamento. Assim, recomenda-se atenção para esse ponto específico, que pode ser um fator de confusão muito forte. A questão de alteração da carga de treinamento já foi amplamente discutida em outros capítulos, mas não se pode deixar de comentar que em programas de condicionamento físico extremo existe uma tendência para grandes alterações da carga de treinamento, o que pode ser um fator de confusão. É importante distinguir simples alterações na carga de treinamento com alterações na carga de treinamento acompanhadas de valores absolutos muito elevados ou razão agudo:crônico muito elevada (ver Capítulo 5, "Carga de treinamento e sua relação com *performance* e risco de lesão"). Por último, os testes de *performance* podem ser aliados interessantes para os programas de condicionamento físico. Como existem WOD (treinamentos do dia, do inglês *workouts of the day*) que se repetem de tempos a tempos no programa de treinamento, seu registro para posterior comparação pode ser interessante na ajuda do diagnóstico da síndrome do *overtraining*.

Finaliza-se o capítulo apresentando um fluxograma adaptado do ACSM e ECSS[2] para auxílio no diagnóstico da síndrome do *overtraining* em atletas de programas de condicionamento físico extremo (Figura 2). Quando as cargas de treinamento são altas (associadas a frequências de treino também altas), a ocorrência de problemas persistentes na *performance* cria uma suspeita de síndrome do *overtraining*. O fluxograma se inicia com os sintomas-chave: queda de *performance* e duração dos sintomas. Em caso positivo, as principais doenças relacionadas com a queda da *performance* são descartadas. Em seguida, são analisadas as alterações na *performance* e verificadas as possíveis condições de confusão. Um ponto importante no fluxograma é a análise da *performance*. Considerando que os programas de condicionamento físico extremo procuram o desenvolvimento integral do organismo, não deve ser realizado um teste que considere apenas uma valência física. Nesse sentido, a realização de um WOD que seja rotina no *box* de treinamento pode ser um importante aliado para a análise, segundo o fluxograma. Apenas como exemplo, propõe-se a realização do WOD com o nome Jackie, que corresponde a realizar no menor tempo pos-

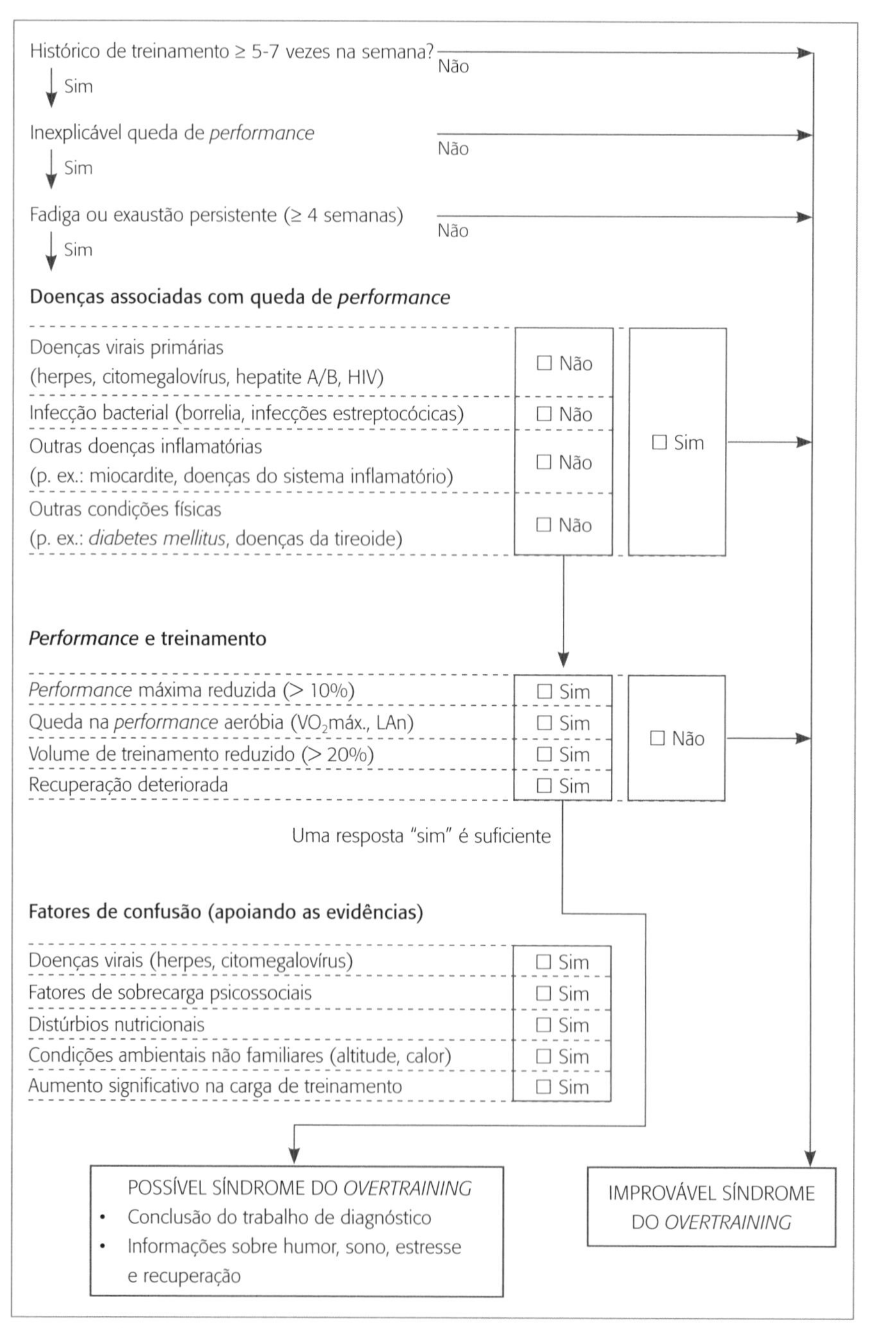

Figura 2 Fluxograma para auxílio diagnóstico da síndrome do *overtraining*.

Fonte: adaptada de Meeusen et al., 2013[2].

sível 1.000 metros de remo, 50 *thruster* (20 kg para homens e 16 para mulheres) e 30 *pull-ups*. Além do WOD proposto, também é interessante observar *personal records* em determinados movimentos de levantamento de peso olímpico.

Apesar de a literatura ser clara acerca dos problemas relacionados com o *overtraining*, são escassos os dados epidemiológicos relativos à síndrome. Pesquisas com corredores demonstraram que aproximadamente 60% dos corredores de elite e 30% dos corredores amadores já tiveram pelo menos um episódio de síndrome do *overtraining* em sua carreira. Outra preocupação é que já foi também documentada uma prevalência de aproximadamente 35% da síndrome de *overtraining* em nadadores jovens (até 18 anos)[2]. Infelizmente, ainda não estão disponíveis dados epidemiológicos acerca da síndrome do *overtraining* em atletas de programas de condicionamento extremo. Entretanto, pela natureza dos programas, a prevenção deve ser muito cuidadosa e assumida desde o primeiro treino do atleta. Para isso, o monitoramento da carga de treinamento é o primeiro passo para a prevenção.

Referências bibliográficas

1. Halson SL, Jeukendrup AE. Does overtraining exist? An analysis of overreaching and overtraining research. Sports Med. 2004;34(14):967-81.
2. Meeusen R, Duclos M, Foster C, Fry A, Gleeson M, Nieman D, et al. Prevention, diagnosis, and treatment of the overtraining syndrome: joint consensus statement of the European College of Sport Science and the American College of Sports Medicine. Med Sci Sports Exerc. 2013;45(1):186-205.
3. Kreher JB, Schwartz JB. Overtraining syndrome: a practical guide. Sports Health. 2012;4(2):128-38.
4. Morgan WP, Brown DR, Raglin JS, O'Connor PJ, Ellickson KA. Psychological monitoring of overtraining and staleness. Br J Sports Med. 1987;21(3):107-14.
5. Morgan WP, Costill DL, Flynn MG, Raglin JS, O'Connor PJ. Mood disturbance following increased training in swimmers. Med Sci Sports Exerc. 1988;20(4):408-14.
6. Armstrong LE, VanHeest JL. The unknown mechanism of the overtraining syndrome: clues from depression and psychoneuroimmunology. Sports Med. 2002;32(3):185-209.
7. Robson P. Elucidating the unexplained underperformance syndrome in endurance athletes: the interleukin-6 hypothesis. Sports Med. 2003;33(10):771-81.

CAPÍTULO 4

Monitorando a resposta ao treinamento

Ramires Alsamir Tibana
Nuno Manuel Frade de Sousa

OBJETIVOS

- Definir a importância da quantificação precisa da carga de treinamento.
- Compreender o controle da carga interna pelo método da percepção subjetiva de esforço da sessão.
- Entender o que são monotonia e estresse do treinamento.
- Compreender a avaliação ao programa do treinamento.
- Explicar a utilização do questionário *Daily Analysis of Life Demands in Athletes* (DALDA) para avaliar as fontes e os sintomas de estresse em atletas.

Introdução

O objetivo final de qualquer *coach* e atleta é produzir um vencedor ou o melhor desempenho em um momento específico, preferencialmente em uma competição importante. A prescrição do treinamento necessária para atingir esse objetivo tem sido em grande parte instintiva, resultante de anos de experiência pessoal. Em geral, acreditava-se que o aumento do volume de treino resultaria em melhor desempenho. No entanto, embora amplamente aceita, essa abordagem vaga para prescrição do treinamento pode ser tênue, especialmente porque o aumento no volume de treinamento, intensidade ou frequência pode aumentar a probabilidade de lesões, doenças e sintomas do *overtraining*[1].

Nesse aspecto, o sucesso do treinamento está no balanço entre alcançar o pico da *performance* e evitar as consequências negativas do excesso de treinamento. Quando o volume e a intensidade do treinamento são aplicados de maneiras insuficientes, provavelmente o atleta não alcançará uma excelente adaptação fisiológica; por outro lado, o excesso no volume e na intensidade do treinamento aumenta o risco de lesões e doenças e reduz a *performance* física (Figura 1). No entanto, para analisar e estabelecer relações causais entre o treinamento realizado e as consequentes adaptações fisiológicas e de desempenho, a quantificação precisa e confiável da carga de treinamento realizada pelo atleta é uma condição *sine qua non*. Simplesmente, não é possível identificar os efeitos do treinamento sem uma quantificação precisa da carga de treinamento. É por isso que vários especialistas em ciência do esporte já enfatizaram a importância da quantificação adequada do treinamento[2].

Independentemente de quais sejam os métodos de quantificação utilizados, podem ser definidos como o controle da carga de treinamento externa ou interna. A carga de treinamento externa é uma medida objetiva do trabalho que um atleta conclui durante o treinamento ou competição e é medida independentemente da carga de trabalho interna. Isso contrasta com a carga de trabalho interna, que avalia o estresse biológico imposto pela sessão de treinamento e é definida pela perturbação na homeostase dos processos fisiológicos e metabólicos durante a sessão de treinamento do exercício. É importante ressaltar que a carga de treinamento externa não mede o estresse biológico imposto por uma determinada sessão de treinamento. De fato, dois atletas podem realizar

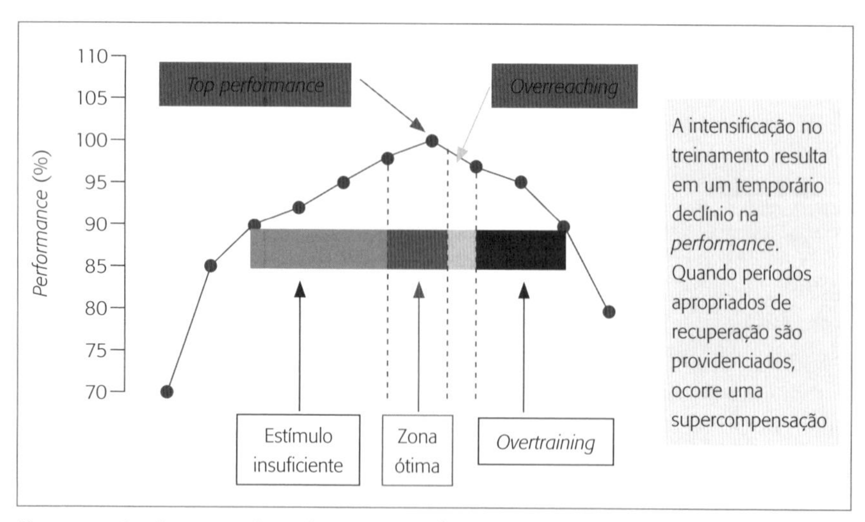

Figura 1 A adaptação do treinamento é altamente individual, dependendo em parte do equilíbrio entre o estímulo do exercício físico e a recuperação. Uma carga de treinamento subótima pode resultar em estagnação ou diminuição na *performance*, enquanto um treinamento excessivamente intenso e/ou volumoso pode levar a fadiga crônica, *overreaching* não funcional ou *overtrainining* e efeitos negativos à saúde.

uma carga de treinamento externa idêntica (p. ex., 80% de 1 repetição máxima – RM no *back squat*), mas experimentam cargas internas bastante diferentes (p. ex., acidose metabólica, resposta da frequência cardíaca e hormonal), dependendo de sua aptidão, experiência de treino e características genéticas[2]. Além disso, em modalidades esportivas como os programas de condicionamento extremo que envolvem exercícios cardiovasculares, exercícios de força, potência e ginásticos, o controle da carga externa é extremamente difícil de ser realizado, pelo fato de suas características serem distintas.

Sendo assim, uma apropiada periodização dos estímulos do treinamento aplicados a um atleta de forma individual é importante para uma excelente *performance* física. Dessa forma, para monitorar e controlar o processo do treinamento, é importante ter um método válido parar mensurar a carga externa (p. ex., a utilização do GPS para quantificar a distância percorrida e a velocidade durante um treino ou competições) ou a carga interna do treinamento (percepção subjetiva de esforço da sessão, análise da frequência cardíaca, impulso do treinamento, perfil enzimático e hormonal).

Este capítulo enfatiza apenas o controle da carga interna do treinamento pelo método da percepção subjetiva de esforço da sessão e o modo como os cálculos oriundos desse controle podem ajudar a potencializar o desempenho e diminuir o risco de doenças e lesões. Além disso, será apresentado o questionário DALDA (*Daily Analyses of Life Demands for Athletes*), cujo objetivo é avaliar as fontes e os sintomas de estresse dos atletas ao longo de dias ou semanas de treinamento.

Controle da carga interna pelo método da percepção subjetiva de esforço da sessão

O método da percepção subjetiva de esforço (PSE) da sessão foi proposto por Foster[3], com o intuito de quantificar a carga de treinamento. A metodologia é baseada em um questionamento muito simples. Trinta minutos após o término da sessão de treino, o atleta deve responder à seguinte pergunta: "como foi a sua sessão de treino?". Esse método tem sido considerado uma das principais técnicas para quantificar a carga interna de treinamento, destacando-se principalmente pelo seu baixo custo financeiro e pela sua praticidade. Diversos pesquisadores têm utilizado o método da PSE da sessão para quantificação da carga interna do treinamento em diversos esportes, como natação, futsal, voleibol, caratê, tênis, polo aquático, esgrima, boxe olímpico, rúgbi, taekwondo e em diversos outros esportes (Tabela 1). Recentemente, Tibana et al.[4] demonstraram que o método da PSE da sessão é capaz de diferenciar as cargas impostas em diferentes fases do treinamento no CrossFit, como na aplicação do polimento nas semanas de competições, nas semanas regenerativas e durante as semanas de cargas intensificadas. Além disso, os autores compararam os volumes de treinamento dos atletas amadores de CrossFit com outras modalides esportivas e, de forma interessante, a carga do treinamento no CrossFit não foi superior a nenhum outro esporte competitivo (Tabela 1).

Tabela 1 Carga de treinamento média avaliada pelo método da percepção subjetiva de esforço da sessão em diferentes esportes

Estudo	Esporte	PSE média da sessão
Nogueira et al., 2016[5]	Natação (10 homens jovens e 7 mulheres jovens)	333 UA (média de 18 sessões)
Coutts et al., 2010[6]	Tênis (atletas de elite; estudo de caso)	476 UA (média de 5 sessões)
Tabben et al., 2015[7]	Caratê (10 homens e 8 mulheres atletas de elite)	306 UA (média de 8 sessões; 4 técnico-tática; 2 de desenvolvimento da tática; 2 treinos *randori*)
Turner et al., 2016[8]	Esgrima (7 atletas homens de elite)	525 UA (média de 67 sessões)
Lupo et al., 2014[9]	Polo aquático (13 adolescentes)	582 UA (média de 8 sessões)
Coutts et al., 2007[10]	Rúgbi (18 homens atletas semiprofissionais)	365 UA (média de 1 semana com carga de treino normal) 443 UA (média de 1 semana com carga de treino intensificada)
Freitas et al., 2014[11]	Vôlei (16 homens atletas de elite)	410 UA (média de 1 semana com carga de treino normal) 632 UA (média de 1 semana com carga de treino intensificada)
Freitas et al., 2012[12]	Futsal (12 homens atletas)	442 UA (média de 1 semana com carga de treino intensificada)
Uchida et al., 2014[13]	Boxe olímpico (8 atletas homens)	78 UA (sessão leve) 112 UA (sessão moderada) 264 UA (sessão vigorosa)
Perandini et al., 2012[14]	Taekwondo (7 homens e 4 mulheres atletas de elite)	385 UA
Tibana et al., 2017[4]	CrossFit (2 atletas homens)	173,5 UA para o sujeito A e 190,6 UA para o sujeito B (média de 11 semanas com diferentes estímulos no treinamento)

PSE: percepção subjetiva de esforço; UA: unidade arbitrária.

A validação do método da PSE da sessão geralmente acontece por meio das análises das respostas da frequência cardíaca, ventilatórias e da concentração de lactato[15]. De acordo com Nakamura et al.[15], os métodos propostos por Banister[16], Edwards[17], Lucia et al.[18] e Seiler e Kjerland[19] têm sido, frequentemente, adotados para validação da PSE da sessão, sendo todos aceitos como critérios para essa validação. Por exemplo, Gomes et al.[20] analisaram a validade ecológica do método da PSE da sessão para quantificar a carga interna de treinamento em tenistas competitivos. Os pesquisadores analisaram 384 sessões de treinamento, 23 partidas simuladas e 13 jogos oficiais e utilizaram a PSE da sessão e a frequência cardíaca para monitorar a carga das sessões. De forma interessante, os valores dos coeficientes de correlação entre os métodos (PSE da sessão *vs.* frequência cardíaca) nas sessões de treino, jogos simulados e oficiais foram bem grandes (r = 0,74; r = 0,57; r = 0,99, respectivamente). Os autores concluíram que esse método é válido e prático para quantificar a carga interna de tenistas profissionais.

O método da PSE da sessão foi desenvolvido para eliminar a necessidade de monitores de frequência cardíaca ou outros métodos de avaliação da carga interna do treinamento com maiores necessidades tecnológicas ou de pessoas especializadas. Entretanto, é recomendada a utilização de mais de um marcador para controle da carga (interna ou externa).

Quantificando a carga interna do treinamento por meio da percepção subjetiva de esforço da sessão

Após 30 minutos do término de cada sessão de treinamento, os atletas responderão à seguinte pergunta: "como foi o seu treino?". Os atletas deverão apontar sua resposta na escala de PSE ou a escala visual análogica (EVA) de 0 a 10 pontos (Figura 2). Os atletas deverão ser familiarizados com a EVA, e o pesquisador deverá realizar uma ancoragem. O avaliador deve instruir o avaliado a escolher um descritor e depois um número de 0 a 10, que também pode ser fornecido em decimais (p. ex., 7,5). O valor máximo (10) deve ser comparado ao maior esforço físico realizado pela pessoa, e o valor mínimo (0) é a condição de repouso absoluto[15].

Essa medida deve ser referente à sessão de treinamento inteira. O intervalo de 30 minutos é adotado para que atividades leves ou intensas realizadas ao final da sessão não dominem a avaliação (p. ex., se um aluno for questionado imediatamente após o *benchmark* FRAN*, provavelmente o valor será próximo a 10). Recomenda-se que o intervalo não seja muito superior a 30 minutos, a fim de evitar o esquecimento e a atenuação da avaliação subjetiva da intensidade da sessão de treinamento. O produto do escore da PSE (intensidade – p. ex.: 5) pela duração da sessão em minutos (volume – p. ex., 60 minutos) reflete a magnitude da carga interna diária da sessão de treinamento (p. ex., 300 UA), em unidades arbitrárias (Figura 3).

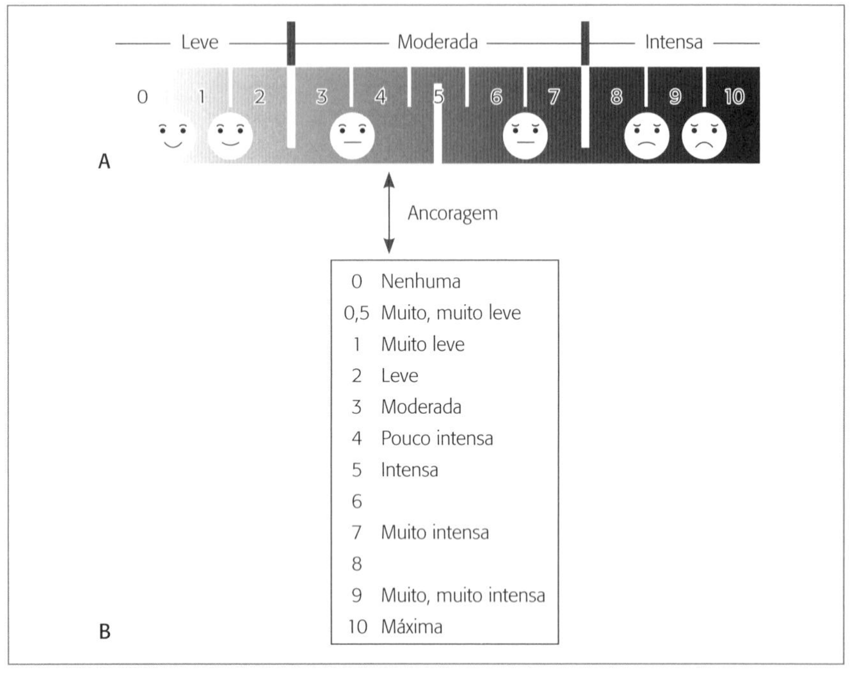

Figura 2 A: Escala visual analógica (EVA). Para utilizar a EVA, o profissional deve questionar o aluno quanto ao seu grau de cansaço; 0 significa ausência total de cansaço e 10, o nível de cansaço máximo pelo aluno. B: Escala de percepção subjetiva de esforço de Borg (0-10). O processo de ancoragem da percepção subjetiva de esforço está relacionado à lembrança de uma experiência vivida com o treinamento para o estado que se está ancorando, ou seja, comparar a sessão atual de treinamento com sessões anteriores que tiveram sensações de esforço similares, menores ou maiores que a atual.

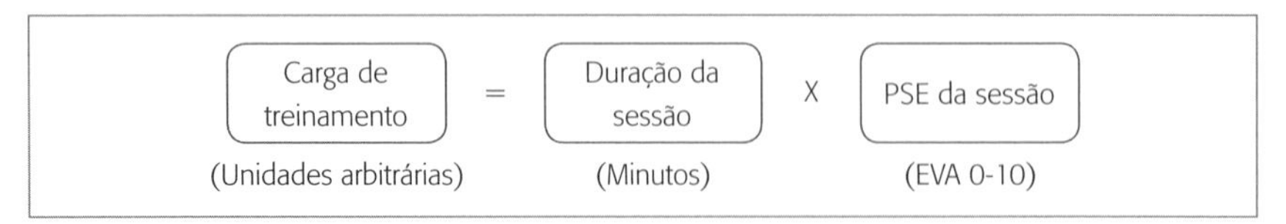

Figura 3 A carga do treinamento é o produto da duração da sessão (minutos) *versus* a percepção subjetiva de esforço da sessão (comumente aplicada 30 minutos após a sessão de treinamento).

Uma planilha eletrônica pode ser criada para calcular a carga de treino individual de cada sessão, a carga de treino semanal e a monotonia e o estresse do treinamento semanal. A Tabela 2 demonstra um exemplo de como organizar uma planilha. Para usar tal sistema, cada praticante/atleta deve relatar a PSE da sessão e a duração da sessão do treinamento em minutos. Muito importante:

Tabela 2 Exemplo de um *layout* de planilha para calcular a carga, a monotonia e o estresse da sessão de treinamento

Dias	Força/potência	Ginástica	Condicionamento metabólico	Duração (min)	PSE*	Carga diária (UA)
Segunda-feira	1) 5X1 Arranco (*snatch from blocks*) (logo acima dos joelhos) – 80% de 1 RM com blocos; 2-5 min de descanso 2) 3×5 *Touch & go snatches* (completo) – 75% de 5 RM; 90 s de descanso	3X60 s *Weighted plank hold* (barra nas costas) – o mais pesado possível; 90 s de descanso	10 min AMRAP de: 30 saltos duplos de corda 15 *power snatches*	90	6	540
Terça-feira	1) 5X1 *Clean from blocks* (logo acima do joelho) 80% 1 RM – 2 min de descanso 2) 5X1 Arremessos (*jerk from blocks*)/80% de 1 RM *from blocks* – 2 min de descanso 3) 1a) 3X5 *Touch & go cleans* (completo)/70% de 5 RM/90 s de descanso	1b) 3X10 Flexões de parada de mão (o mais rápido possível) – 2 min de descanso	12:00 AMRAP de Remo 250 m 25 6" *Target burpees*	70	5	350
Quarta-feira	–	6 séries de 9 *unbroken strict* HSPU	5RFT: 15 *Bar facing burpees* 12 Levantamentos terra (*deadlifts*) (155/105#) 9 *Hang power cleans* (155/105#) 6 *Push jerks* (155/105#)	35	4	140
Quinta-feira	Dia de descanso			0	0	0

continua

Tabela 2 *(Continuação)* Exemplo de um *layout* de planilha para calcular a carga, a monotonia e o estresse da sessão de treinamento

Dias	Força/potência	Ginástica	Condicionamento metabólico	Duração (min)	PSE*	Carga diária (UA)
Sexta-feira	1) Arranco (*snatch*) 65%/4 - 70%/4-75%/4-80%/3 - (85%/3)22 2) Arremesso (*clean & jerk*) 65%/3+1 -70%/3+1 - 75%/3+1 -80%/3+1 - (85%/3+1)2 3) Agachamento posterior (*back squat*) 78%/4 - 83%/1 - 78%/4 - 86%/1 -78%/4 - 88%/1	–	EMOM 18: Min 1: 20/15 Cal bicicleta Min 2: 4 Subidas na corda Min 3: Repouso	70	5	350
Sábado	–	–	"Murph" *for time*: 1.600 metros corrida/100 barras (*pull-ups*)/200 flexões de braço (*push-ups*)/300 agachamentos (*squats*)/1.600 metros corrida	70	8	560
Domingo	Dia de descanso			0	0	0
	Carga de treino semanal					1940
	Média da carga semanal					277,1
	Monotonia do treinamento					1,27
	Estresse do treinamento					2.468,3

AMRAP: *as many round as possible* (quantidade máxima de *rounds*); EMOM: *every minute on the minute* (executar uma sequência de exercícios em 1 minuto e descansar o restante); PSE: percepção subjetiva de esforço; RFT: *rounds for time* (séries no menor tempo possível); WOD: treinamento do dia (*workout of the day*).

para os dias de descanso em que não houver treinamento, um valor de 0 para a carga de treino diária deve ser inserido[21].

De forma bem simples, a carga de treinamento semanal é o somatório das cargas de treino em uma semana. A média da carga semanal é a divisão da carga de treinamento semanal pelos dias da semana, ou seja, por sete. É muito importante que a média da carga semanal também seja contabilizada com os dias de descanso, por isso a divisão por sete dias, mesmo que se tenha treinado apenas 5 dias.

Monotonia e estresse do treinamento

A monotonia do treinamento é uma mensuração da variação do dia a dia no treinamento durante uma semana de treino. McGuigan e Foster[22] definem a monotonia como a variabilidade do treinamento durante um período de treinamento. É calculada por meio do produto da média da carga semanal de treino dividido pelo desvio-padrão da carga de treinamento correspondente a uma semana (Figura 4). Nesse aspecto, um treinamento com baixa monotonia (alternância de dias de treinamento com intensidades baixas e pesadas) e uma prescrição da carga de treinamento equilibrada podem ajudar a reduzir a incidência de doenças e *overtraining*[3].

O estresse do treinamento (ET) é calculado pelo produto da carga semanal de treinamento pelo índice de monotonia do mesmo período[3]. O ET sinaliza o estresse global exigido do atleta durante um dado período de treinamento (Figura 5). Normalmente, é calculado em um período de uma semana, entretanto,

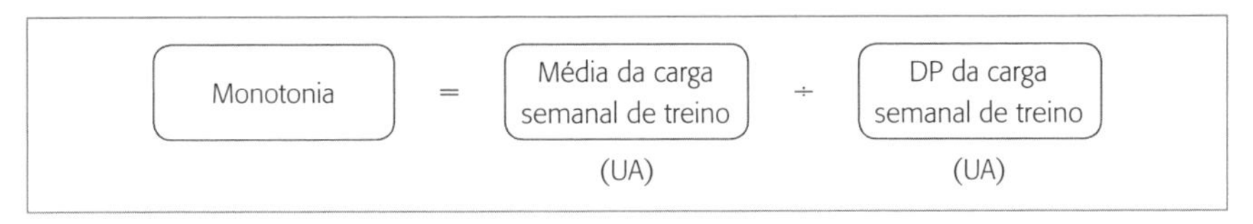

Figura 4 A monotonia do treinamento é o produto da média da carga semanal de treino dividida pelo desvio-padrão (DP) da carga de treinamento correspondente a uma semana. UA: unidades arbitrárias.

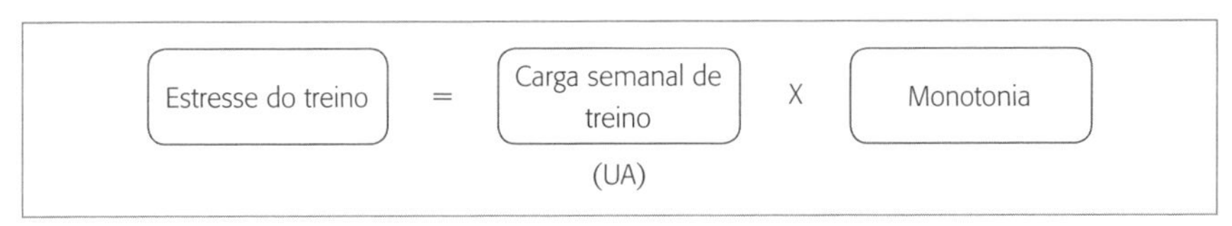

Figura 5 O estresse do treinamento é o produto da carga semanal de treino multiplicado pela monotonia do treinamento. UA: unidades arbitrárias.

pode ser calculado em períodos maiores, levando em consideração a carga de treinamento desse período e sua respectiva monotonia.

Apenas um estudo encontrou associação entre a incidência de doenças com a monotonia e o estresse do treinamento[3]. De acordo com Foster[3], picos de monotonia acima de 2,0 e estresse elevado foram associados com 77 e 89% na incidência de doenças, respectivamente. Por outro lado, Ferrari et al.[23] analisaram indicadores de carga interna de treinamento em oito ciclistas bem treinados (10,7 ± 1,5% de gordura corporal) ao longo de 29 semanas e verificaram possíveis correlações entre os sintomas de infecções do trato respiratório superior (ITRS) (Wisconsin Upper Respiratory Symptom Survey–44 (WURSS–44) em diferentes fases do treinamento: período preparatório (carga de treinamento: 4.899 ± 371; monotonia: 1,8 ± 0,1; estresse: 9.266 ± 556), competitivo 1 (carga de treinamento: 4.111 ± 227; monotonia: 1,7 ± 0,1; estresse: 7.211 ± 433) e competitivo 2 (carga de treinamento: 4.883 ± 552; monotonia: 2,0 ± 0,2; estresse: 10.867 ± 1.792). Os autores observaram correlações significativas entre o ITRS e o estresse do treinamento no período preparatório ($r = 0,72$; $p = 0,03$), fase competitiva 2 ($r = 0,70$; $p = 0,04$). Entretanto, apesar de a fase competitiva 2 apresentar índice de monotonia alto, não foram observadas correlações com sintomas de ITRS. A relação entre a carga de treinamento e lesões ou doenças é explorada no Capítulo 5.

A Figura 6 demonstra o efeito que a organização da carga de treino dentro de uma semana pode ter na monotonia e no estresse do treinamento. Embora ambas as semanas de treinamento apresentem a mesma carga absoluta de treino (2.400 UA), a monotonia e o estresse são totalmente diferentes. A organização do treinamento monótona no dia a dia leva a um planejamento subótimo e ao elevado estresse no treinamento (Figura 6A). Por outro lado, quando dias de treinamento com maior intensidade são alternados com dias de treinamento de intensidade leve a moderada e dias de descanso, a monotonia e o estresse do treinamento são menores (Figura 6B). Foster[3] tem afirmado que a alternância de dias pesados e leves de treinamento reduz a monotonia e o estresse do treinamento e, consequentemente, reduz a incidência de doenças e do *overtraining*.

De forma contrária ao achado reportado por Foster[3], Svendsen et al.[24] demonstraram que atletas esquiadores de elite do *cross-country* com maior monotonia no treinamento tiveram menor risco de sintomas de ITRS e infecções gastrointestinais. Esses resultados sugerem que flutuações dentro de um microciclo sejam reduzidas e que menores flutuações durante um microciclo sejam implementadas para redução de infecções. No entanto, novos estudos são necessários para corroborar ou refutar esses resultados.

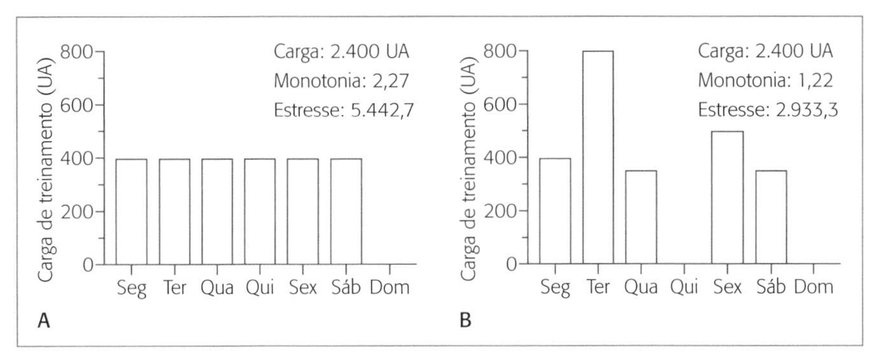

Figura 6 A: Exemplo de uma semana de treinamento mal organizada, que não minimiza a monotonia de treinamento e o estresse de treinamento. B: Exemplo de uma semana de treinamento bem organizada, que tenta minimizar a monotonia de treinamento e o estresse de treinamento.

A Figura 7 demonstra que a utilização do método proposto por Foster et al.[3,25] é capaz de distinguir diferentes cargas de treinamento em momentos de sobrecarga, *tapering* e recuperação; além disso, cada atleta apresenta uma resposta característica, apesar de seguirem a mesma rotina de treinamento, o que ajuda a individualizar as análises e as respostas ao treinamento.

Avaliando a resposta ao treinamento

A resposta de cada atleta à carga de treinamento é única, e seria irresponsabilidade do *coach*/treinador considerar uma reação-padrão entre atletas para mesma carga de trabalho. Portanto, é importante obter uma visão de como cada atleta está respondendo às diferentes sessões de treinamento. Há uma série de métodos para fazê-lo, como os testes neuromusculares (p. ex., salto contra movimento), marcadores fisiológicos (p. ex., variabilidade da frequência cardíaca), marcadores bioquímicos e hormonais (p. ex., cortisol, testosterona, creatinoquinase). Entretanto, neste livro, trata-se apenas da avaliação do estresse do treinamento por meio do questionário DALDA.

Daily Analysis of Life Demands in Athletes

O DALDA é um questionário para avaliar as fontes e os sintomas de estresse em atletas[26], traduzido e validado para língua portuguesa por Moreira e Cavazzoni[27] (Tabela 3). O questionário é constituído de duas seções principais: parte A (fatores estressores gerais) e parte B (sintomas de reação ao estresse). O DALDA fornece um método pelo qual o estresse de um atleta pode ser monitorado diária ou semanalmente, fornecendo um registro da resposta do

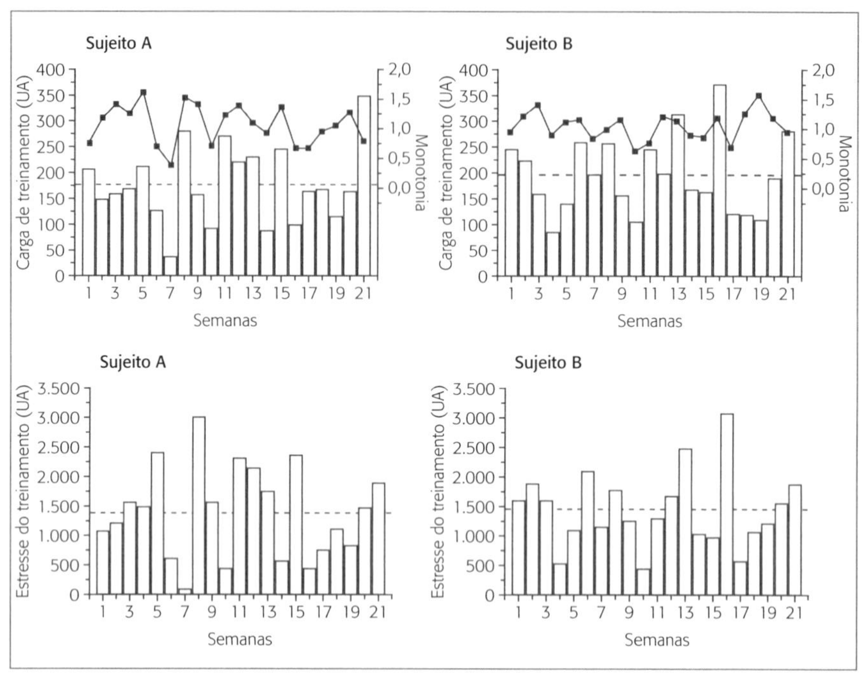

Figura 7 Exemplo do conjunto de dados da carga de treinamento, da monotonia e do estresse de treinamento ao longo de um período de 21 semanas de dois atletas amadores de programas de condicionamento extremo. As colunas indicam a carga de treinamento e os traços, a monotonia. A linha tracejada indica a média. Sobrecarga: semanas 1, 2, 8, 11, 12, 13 e 15; *tapering*: semanas 3, 9, 16, 17, 19, 20 e 21; recuperação: 4, 10, 14 e 18.

atleta às cargas de treinamento e a relação com o bem-estar psicológico. Um dos benefícios da utilização do questionário DALDA é que, quando plotado, sua sensibilidade em relação às manipulações da carga de treinamento é facilmente visível. Com essa abordagem, o *coach*/treinador pode ver indicadores imediatos de estresse.

Coutts et al.[28] examinaram a efetividade de testes práticos para monitorar alterações na *performance*, fadiga e recuperação de atletas submetidos ao treinamento com cargas intensificadas ou ao treinamento com cargas normais ao longo de quatro semanas, seguido por duas semanas de *tapering*. Os pesquisadores quantificaram a carga de treinamento pela PSE da sessão (como explicado anteriormente neste capítulo), a *performance* por meio do teste de 3 km realizado no menor tempo possível e os sintomas de reação ao estresse com o questionário DALDA (parte B e respostas piores que o normal). Os pesquisadores demonstraram que o grupo que realizou o treinamento com cargas intensificadas ao longo de quatro semanas tiveram 290% a mais em carga de treinamento quando comparado ao grupo com cargas normais. Além disso, o grupo com cargas intensificadas apresentou maiores reações ao estresse ao longo das quatro semanas de treinamento quando comparado ao grupo com cargas normais (Figura 8), as quais foram reduzidas nas duas semanas de *tapering*. E, de forma interessante, os pesquisadores evidenciaram melhoras no tempo dos 3 km (pós-*tapering*) apenas no grupo que treinou com cargas intensificadas, o que significa que, para obter melhorias no desempenho, foi preciso aumentar a carga de trabalho (*overreaching* funcional).

Portanto, o questionário DALDA pode fornecer informações úteis para os *coaches*/treinadores no planejamento de sessões de treinamento para praticantes e atletas dos programas de condicionamento extremo em relação às reações ao estresse ao longo de sessões ou semanas de treinamento. Essas informações devem ser processadas, e um ajuste no planejamento pode ser realizado. Mas é importante destacar que outras ferramentas de análise devem ser utilizadas para complementar as informações sobre as respostas das sessões de treinamento.

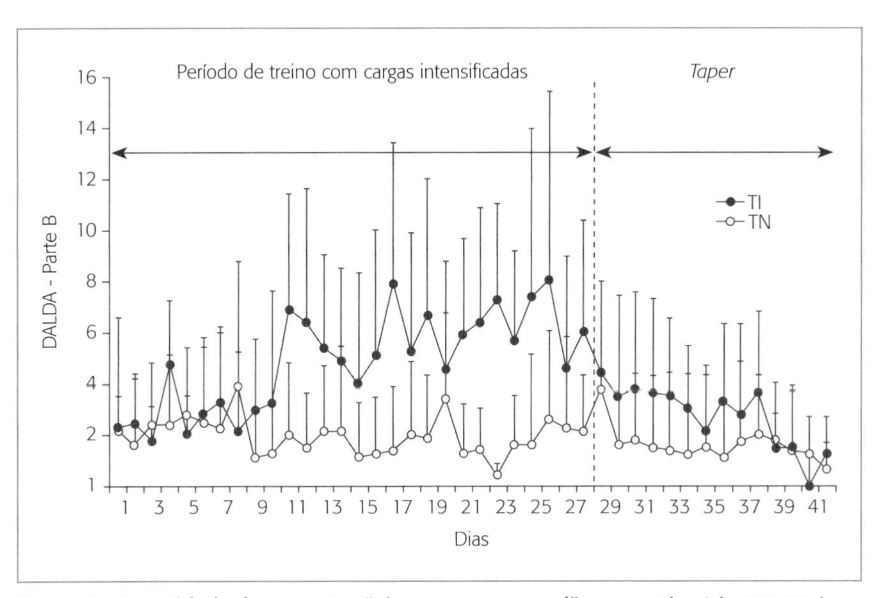

Figura 8 Quantidade de respostas "piores que o normal" no questionário DALDA (parte B) ao longo de quatro semanas para um grupo com treinamento com cargas intensificadas (TI) e um grupo com treinamento com cargas normais (TN).

Fonte: adaptada de Coutts et al., 2007[28].

Aplicando e analisando o questionário de fontes e sintomas de estresse

O questionário DALDA deverá ser preenchido ao final de cada semana de treinamento ou após cada sessão de treinamento (isso dependerá do objetivo do *coach*/treinador). O DALDA é dividido em duas partes – A e B –, que representam as fontes de estresse e sintomas de estresse, respectivamente (Tabela 3). Esse instrumento requer que o atleta assinale cada variável, em cada parte do questionário (A e B), como "pior que o normal", "normal" ou "melhor que o normal", de acordo com sua percepção das fontes e dos sintomas de estresse. Apesar de

Tabela 3 Questionário DALDA dividido em partes A e B. A parte A é constituída por 9 questões referentes às fontes de estresse. A parte B é constituída por 25 questões referentes aos sintomas de estresse. O atleta deve assinalar para cada questão "pior que o normal" (A), "normal" (B) ou "melhor que o normal" (C)

Parte A							
1. Dieta	A	B	C	6. Clima	A	B	C
2. Vida doméstica	A	B	C	7. Sono	A	B	C
3. Escola/faculdade/trabalho	A	B	C	8. Lazer	A	B	C
4. Amigos	A	B	C	9. Saúde	A	B	C
5. Treinamento esportivo	A	B	C				
				Total			
Parte B							
1. Dores musculares	A	B	C	14. Sono suficiente	A	B	C
2. Técnica	A	B	C	15. Recuperação entre sessões	A	B	C
3. Cansaço	A	B	C	16. Fraqueza generalizada	A	B	C
4. Necessidade de descansar	A	B	C	17. Interesse	A	B	C
5. Trabalho suplementar	A	B	C	18. Discussões	A	B	C
6. Tédio/aborrecimento	A	B	C	19. Irritações na pele	A	B	C
7. Tempo de recuperação	A	B	C	20. Congestão	A	B	C
8. Irritabilidade	A	B	C	21. Esforço no treinamento	A	B	C
9. Peso	A	B	C	22. Temperamento/humor	A	B	C
10. Garganta	A	B	C	23. Inchaço	A	B	C
11. Internamente	A	B	C	24. Amabilidade	A	B	C
12. Dores não explicadas	A	B	C	25. Coriza	A	B	C
13. Força da técnica	A	B	C				
				Total			

Fonte: adaptada de Moreira e Cavazzoni, 2009[27].

Questões referentes à parte A do DALDA

1. Dieta: considere se está comendo regularmente e em quantidades adequadas. Está pulando refeições? Gosta das suas refeições? Consegue se recuperar adequadamente entre esforços? Está gostando do seu esporte?
2. Vida doméstica: tem tido discussões com seus pais, irmãos ou irmãs? Eles pedem que faça muitas tarefas em casa? Como está seu relacionamento com sua esposa/seu esposo? Houve alguns acontecimentos diferentes em sua casa com relação à sua família?
3. Escola/faculdade/trabalho: considere a quantidade de trabalho que está realizando lá. Precisa fazer mais ou menos em casa ou em seu próprio tempo? Como estão suas notas e avaliações? Pense em como está interagindo com administradores, professores ou chefes.
4. Amigos: tem perdido ou feito amigos? Tem tido discussões ou problemas com seus amigos? Estão lhe cumprimentado mais ou menos? Tem passado mais ou menos tempo com eles?
5. Treinamento e exercício: quanto e com que frequência está treinando? Os níveis de esforço exigido são fáceis ou difíceis?
6. Clima: está muito quente, frio, úmido ou seco?
7. Sono: está dormindo o suficiente? Está dormindo demais? Consegue dormir quando quer?
8. Lazer: considere as atividades que pratica além do seu esporte. Estão consumindo tempo demais? Competem com sua dedicação ao esporte?
9. Saúde: tem alguma infecção, resfriado ou outro problema temporário de saúde?

Questões referentes à parte B do DALDA

1. Dores musculares: tem dores nas articulações e/ou nos músculos?
2. Técnica: como se sente em relação às suas técnicas?
3. Cansaço: qual é seu estado geral de cansaço?
4. Necessidade de descanso: sente necessidade de descansar entre sessões de treinamento?
5. Trabalho suplementar: o quão forte você se sente quando faz treinamento suplementar (p. ex., pesos, trabalhos de resistência, alongamento)?
6. Tédio: o quão tedioso/chato/maçante é o treinamento?
7. Tempo de recuperação: os tempos de recuperação entre cada esforço de treinamento devem ser mais longos?
8. Irritabilidade: você está irritável? As coisas mexem com seus nervos?
9. Peso: como está seu peso?
10. Garganta: tem notado dor ou irritação na sua garganta?
11. Internamente: como se sente internamente? Tem tido prisão de ventre, enjoos etc.?
12. Dores não explicadas: tem dores não explicadas?
13. Força da técnica: como se sente em relação à força de suas técnicas?
14. Sono suficiente: está dormindo o suficiente?
15. Recuperação entre sessões: está cansado antes de iniciar a segunda sessão de treinamento do dia?

continua

Questões referentes à parte B do DALDA *(continuação)*
16. Fraqueza generalizada: sente fraqueza generalizada?
17. Interesse: percebe que está mantendo o interesse em seu esporte?
18. Discussões: está tendo brigas e discussões com as pessoas?
19. Irritações de pele: está tendo irritações e brotoejas/erupções não explicadas na pele?
20. Congestão: está tendo congestão nasal e/ou sinusite?
21. Esforço no treinamento: sente que pode dar seu melhor esforço no treinamento?
22. Temperamento: perde o bom humor?
23. Inchaço: tem inchaço das glândulas linfáticas debaixo dos braços, debaixo dos ouvidos, na virilha etc.?
24. Amabilidade: as pessoas parecem gostar de você?
25. Coriza: tem corrimento nasal?

Fonte: adaptada de Moreira e Cavazzoni, 2009[27].

ser dividido em partes A e B, grande parte dos estudos utiliza apenas o somatório de respostas "pior que o normal" da parte B do questionário para análise.

Referências bibliográficas

1. Borresen J, Lambert MI. The quantification of training load, the training response and the effect on performance. Sports Med. 2009;39(9):779-95.
2. Mujika I. Quantification of training and competition loads in endurance sports: methods and applications. Int J Sports Physiol Perform. 2016:1-25. [Epub ahead of print].
3. Foster C. Monitoring training in athletes with reference to overtraining syndrome. Med Sci Sports Exerc. 1998;30(7):1164-8.
4. Tibana RA, Sousa NMF, Prestes J. Quantificação da carga de treinamento por meio do método da percepção subjetiva do esforço da sessão no crossfit®: um estudo de caso e revisão da literatura. Rev Bras Ciênc Mov. 2017.
5. Nogueira FCA, de Freitas VH, Miloski B, Cordeiro AHO, Werneck FZ, Nakamura FY, et al. Relationship between training volume and ratings of perceived exertion in swimmers. Percept Mot Skills. 2016;122:319-35.
6. Coutts AJ, Gomes RV, Viveiros L, Aoki MS. Monitoring training loads in elite tennis. Rev Bras Cineantropom Desempenho Hum. 2010;12:217-20.
7. Tabben M, Tourny C, Haddad M, Chaabane H, Chamari K, Coquart JB. Validity and reliability of the session-RPE method for quantifying training load in karate athletes. J Sports Med Phys Fitness. 2015; Apr 24. [Epub ahead of print].

8. Turner AN, Buttigieg C, Marshall G, Noto A, Phillips J, Kilduff L. Ecological validity of session RPE method for quantifying internal training load in fencing. Int J Sports Physiol Perform. 2016;24:1-17.
9. Lupo C, Capranica L, Tessitore A. The validity of the session-RPE method for quantifying training load in water polo. Int J Sports Physiol Perform. 2014;9:656-60.
10. Coutts AJ, Reaburn P, Piva TJ, Rowsell GJ. Monitoring for overreaching in rugby league players. Eur J Appl Physiol. 2007;99:313-24.
11. Freitas VH, Nakamura FY, Miloski B, Samulski D, Bara-Filho MG. Sensitivity of physiological and psychological markers to training load intensification in volleyball players. J Sports Sci Med. 2014;13:571-9.
12. Freitas VH, Miloski B, Bara-Filho MG. Quantification of training load using session RPE method and performance in futsal. Rev Bras Cineantropom Desempenho Hum. 2012;14:73-82.
13. Uchida MC, Teixeira LF, Godoi VJ, Marchetti PH, Conte M, Coutts AJ, et al. Does the timing of measurement alter session-RPE in boxers? J Sports Sci Med. 2014;20:59-65.
14. Perandini LA, Siqueira-Pereira TA, Okuno NM, Soares-Caldeira LF, Nakamura FY. Use of session RPE to training load quantification and training intensity distribution in taekwondo athletes. Sci Sports. 2012;27:25-30.
15. Nakamura FY, Moreira A, Aoki MS. Monitoramento da carga de treinamento: a percepção subjetiva do esforço da sessão é um método confiável? Rev Educ Fís. 2010;21:1-11.
16. Banister EW. Modeling elite athletic performance. In: Green H, McDougal J, Wenger H (eds.). Physiological testing of elite athletes. Champaign: Human Kinetics; 1991. p.403-24.
17. Edwards S. High performance training and racing. In: Edwards S (ed.). The heart rate monitor book. Sacramento: Feet Fleet Press; 1993. p.113-23.
18. Lucia A, Hoyos J, Santalla A, Earnest C, Chicharro JL. Tour de France versus Vuelta a España: which is harder? Med Sci Sports Exerc. 2003;35(5):872-8.
19. Seiler KS, Kjerland GO. Quantifying training intensity distribution in elite endurance athletes: is there evidence for an "optimal" distribution? Scand J Med Sci Sports. 2006;16(1):49-56.
20. Gomes RV, Moreira A, Lodo L, Capitani CD, Aoki MS. Ecological validity of session RPE method for quantifying internal training load in tennis. Int J Sports Sci Coach. 2015;10(4):729-37.
21. Comyns T, Flanagan EP. Applications of the session rating of perceived exertion system in professional rugby union. J Strength Cond Res. 2013;35:78-85.
22. McGuigan MR, Foster C. A new approach to monitoring resistance training. J Strength Cond Res. 2004;26:42-7.

23. Ferrari HG, Gobatto CA, Manchado-Gobatto FB. Training load, immune system, upper respiratory symptoms and performance in well-trained cyclists throughout a competitive season. Biol Sport. 2013;30(4):289.
24. Svendsen IS, Taylor IM, Tønnessen E, Bahr R, Gleeson M. Training-related and competition-related risk factors for respiratory tract and gastrointestinal infections in elite cross-country skiers. Br J Sports Med. 2016;50(13):809-15.
25. Foster C, Florhaug JA, Franklin J, Gottschall L, Hrovatin LA, Parker S, et al. A new approach to monitoring exercise training. J Strength Cond Res. 2001;15(1):109-15.
26. Rushall BS. A tool for measuring stress tolerance in elite athletes. J App Sports Psychol. 1990;2(1):51-66.
27. Moreira A, Cavazzoni PG. Monitorando o treinamento através do Wisconsin upper respiratory symptom survey-21 and daily analysis of life demands in athletes nas versões em língua portuguesa. Rev Ed Fís. 2009;20:109-19.
28. Coutts AJ, Slattery KM, Wallace LK. Practical tests for monitoring performance, fatigue and recovery in triathletes. J Sci Med Sport. 2007;10(6):372-81.

CAPÍTULO 5

Carga de treinamento e sua relação com *performance* e risco de lesão

Nuno Manuel Frade de Sousa
Ramires Alsamir Tibana

OBJETIVOS

- Definir os termos "carga de treinamento", "fadiga", "lesão" e "doença" no contexto do esporte.
- Analisar e compreender a relação entre carga de treinamento, *performance* e risco de lesão ou doenças.
- Identificar as diferentes relações existentes na literatura entre carga de treinamento e lesões ou doenças e seu respectivo procedimento de análise.
- Compreender as etapas de cada procedimento para a identificação da relação entre carga de treinamento e lesões ou doenças.
- Identificar os procedimentos mais adequados para estabelecer a relação entre a carga de treinamento e o risco de lesões ou doenças em programas de condicionamento extremo.

Introdução

O esforço dos atletas para aumentar a *performance* deve ser acompanhado de modificações na carga de treinamento, especificamente nas variáveis frequência, duração e intensidade. As cargas de treinamento devem ser ajustadas em diferentes períodos para aumentar ou diminuir a fadiga, dependendo da fase de treinamento (p. ex., pré-temporada ou competição)[1]. Por um lado, administrar a quantidade de fadiga adequadamente pode evitar o aparecimento de lesões ou mesmo de doenças comuns aos atletas (imunossupressão; infecções do trato respiratório superior) durante o período de treinamento[1]. Por outro lado, a relação treinamento-*performance* tem particular importância para os *coaches* determinarem a quantidade ótima de treinamento requerida para se atingir o pico da *performance* física[2,3]. De acordo com esse modelo de dicotomia, a *performance* de um atleta em resposta ao treinamento pode ser estimada pela diferença entre a função negativa (fadiga, doença ou lesão) e positiva (aumento da capacidade física) do treino[4]. Obter o equilíbrio é um processo individual complexo, altamente influenciado por fatores de estresse externos e internos, independentemente da carga de treinamento em si, em especial em programas de condicionamento físico extremo em que a habilidade de resistir à fadiga está presente na maioria das sessões de treinamento.

São vários os estudos que investigaram a influência do volume, da intensidade e da frequência do treinamento na *performance* de atletas, a qual geralmente aumenta com o aumento da carga de treinamento[3-5]. Pesquisas em esportes cíclicos como corrida e natação observaram uma relação positiva tanto entre o maior volume de treinamento e *performance*[6] como entre maior intensidade de treinamento e *performance*[7]. Entretanto, adaptações negativas ao treinamento são também dose-dependentes, com a maior incidência de lesões e doenças ocorrendo quando as cargas de treinamento são altas[8-11]. Nesse sentido, quantificar e monitorar as cargas de treinamento e as respostas dos atletas à carga imposta são fundamentais para maximizar a probabilidade de ótima *performance* atlética em um determinado tempo e local[12]. No Capítulo 4, "Monitorando a resposta ao treinamento", foram exploradas as formas práticas de quantificação da carga de treino e seu monitoramento; aqui, a ênfase é dada à relação existente entre carga de treinamento, *performance*, lesões e doenças comuns aos atletas. Para iniciar, é necessário definir os termos "carga de treinamento", "fadiga", "lesão" e "doença", aplicados ao treinamento físico. São termos-chave para o entendimento da necessidade de monitoramento do treino a longo prazo, interferindo diretamente na periodização.

Definição de carga de treinamento, fadiga, lesão e doença

Todos estes termos são comumente utilizados no mundo esportivo, entretanto, ainda existe uma falta de consistência no que diz respeito às suas definições e utilização. Dessa forma, apresenta-se aqui de forma bem simplificada a definição de cada termo com sua correta utilização.

O termo carga de treinamento não pode ser confundido com a quantidade de peso (kg) utilizado em um movimento de levantamento olímpico (LPO), por exemplo. É um termo mais abrangente e pode ser definido como o estresse imposto ao organismo pela atividade física realizada[13], que compreende as cargas de treinamento interna e externa. As definições e a utilização de carga de treinamento interna e externa são bem descritas no Capítulo 4, mas, de forma bem simplificada, carga interna de treinamento quantifica a carga física experimentada por um atleta e carga externa descreve a quantificação externa de trabalho de um atleta[12]. O termo fadiga pode ser definido como a diminuição das funções psicológicas e fisiológicas previamente adquiridas por um atleta[14], que o impedem de manter a força necessária ou esperada para a tarefa física[1]. O acúmulo de fadiga pode resultar em *overtraining*, que tem um impacto muito negativo na *performance* de um atleta. Por vezes, a fadiga pode ser percebida pelo atleta ao comprometer as corridas de alta intensidade ou impedir que seja repetido um *personal record* em um determinado movimento ou aumento do tempo em um determinado WOD (trabalho do dia, do inglês *workout of the day*); entretanto, *coach* e atleta devem ter outros instrumentos de detecção de fadiga mais apurados. A fadiga acumulada sugere que os atletas não estão recebendo um tempo adequado de recuperação entre os treinamentos e/ou competições, comprometendo aspectos-chave de *performance* e resultando no risco aumentado de lesões e doenças do atleta[1,15-17].

Para definir os termos lesão ou mesmo doença, não se pode esquecer que se está no contexto do esporte. Nesse sentido, Timpka et al.[18] propuseram um modelo baseado em três narrativas para a definição de lesão esportiva e doenças comuns no esporte. As lesões ou doenças podem ser categorizadas em três domínios: relatórios de exames clínicos; autorrelato de atletas; desempenho esportivo, que, por sua vez, pode ser registrado em diferentes contextos e conceitos (Figura 1). Um ponto importante é que, mesmo utilizando esse modelo, a lesão ou doença no esporte implica perda de dias de treino e/ou competições.

A análise da Figura 1 identifica os diferentes contextos (cinza) e conceitos (branco) de lesões ou doenças no meio esportivo, que passam a ser citados:

1. Relatórios de exames clínicos:
   A. Lesão esportiva: perda ou anormalidade da estrutura ou função do organismo resultante da exposição isolada de energia física que, após exame, é diagnosticada por um médico.
   B. Doença esportiva ou condições de uso excessivo: perda ou anormalidade da estrutura ou função do organismo resultante de repetida exposição a cargas físicas sem períodos de recuperação adequados que, após exame, é diagnosticada por um médico.
2. Autorrelato de atletas:
   A. Trauma esportivo: uma sensação imediata de dor, desconforto ou perda de função percebida por um atleta em associação com uma exposição isolada à energia física com intensidade e qualidade que o atleta interpreta como discordantes do funcionamento normal do organismo.
   B. Dor/doença esportiva: desenvolvimento progressivo da sensação de dor, desconforto ou perda de função percebida por um atleta em associação

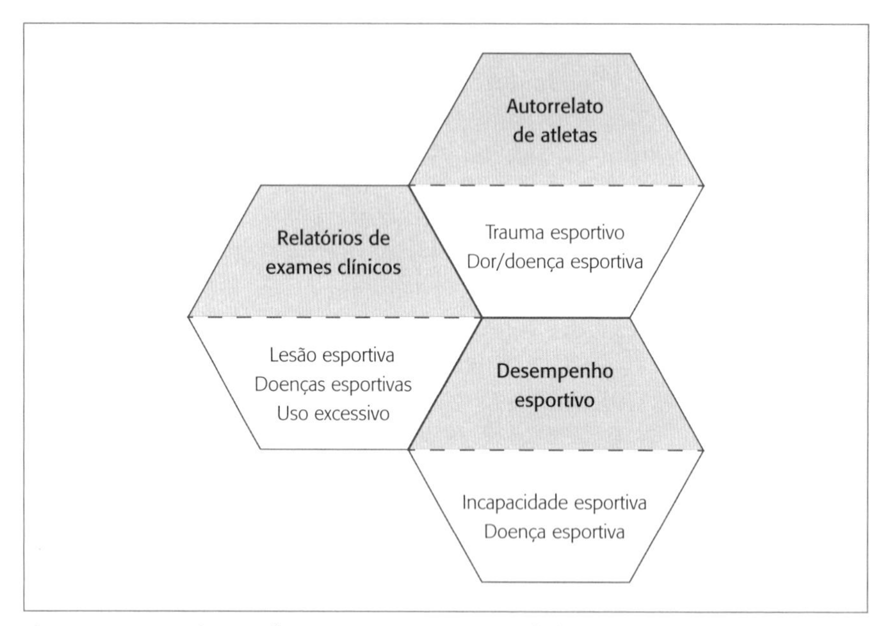

Figura 1 Categorização dos contextos e conceitos de lesões ou doenças no esporte.
Fonte: adaptada de Timpka et al., 2015[18].

com a repetida exposição a cargas físicas sem períodos de recuperação adequados e atingindo intensidade e qualidade que o atleta interpreta como discordantes do funcionamento normal do organismo.

3. Desempenho esportivo:
   A. Incapacidade esportiva: afastamento do atleta em virtude da habilidade reduzida de realizar uma tarefa esportiva após uma exposição isolada à energia física.
   B. Doença esportiva: afastamento do atleta em virtude da habilidade reduzida de realizar uma tarefa após repetida exposição a cargas físicas sem períodos de recuperação adequados.

A interpretação dos diferentes contextos e conceitos de lesão e/ou doença permite que atleta e *coach* tenham uma visão muito mais ampla e crítica no diagnóstico de lesão ou doença, o que pode facilitar e identificar mais precocemente problemas associados à carga de treinamento a longo prazo. Como se pode observar pela Figura 1, nem sempre é necessário o diagnóstico médico para identificar uma lesão ou doença, o que pode permitir uma atuação muito mais rápida, tanto para a prevenção como para o tratamento. Como é conhecido, em programas de condicionamento extremo a longo prazo, existe maior probabilidade do desenvolvimento de lesões por exposição a esforços físicos repetidos pelo acúmulo das cargas de treinamento, que são identificadas no modelo anteriormente mostrado como doenças ou dores esportivas. Entretanto, não se pode descartar que altas cargas de treinamento também podem aumentar o risco para a lesão ou trauma e incapacidade esportiva. Assim, volta-se à premissa fundamental entre a relação da carga de treinamento com *performance* e lesões ou doenças.

Relação entre a carga de treinamento, *performance* e lesão

Orchard[19] propôs uma relação hipotética entre treinamento, lesão, *fitness* e *performance*. Considerando a relação proposta, cargas de treinamento tanto inadequadas como excessivas resultariam em aumento de lesões, redução do *fitness* e da *performance*. Essa relação não deve ser diferente em programas de condicionamento extremo e deve ser considerada para a estruturação dos programas de treino. Vamos observar a Figura 2, que pretende mostrar essa relação de forma didática.

Sintetizar a complexa relação entre carga de treinamento e lesão, *fitness* e *performance* em um simples gráfico x-y é muito audacioso; entretanto, ao apresentar dessa forma, é possível estabelecer algumas relações básicas para

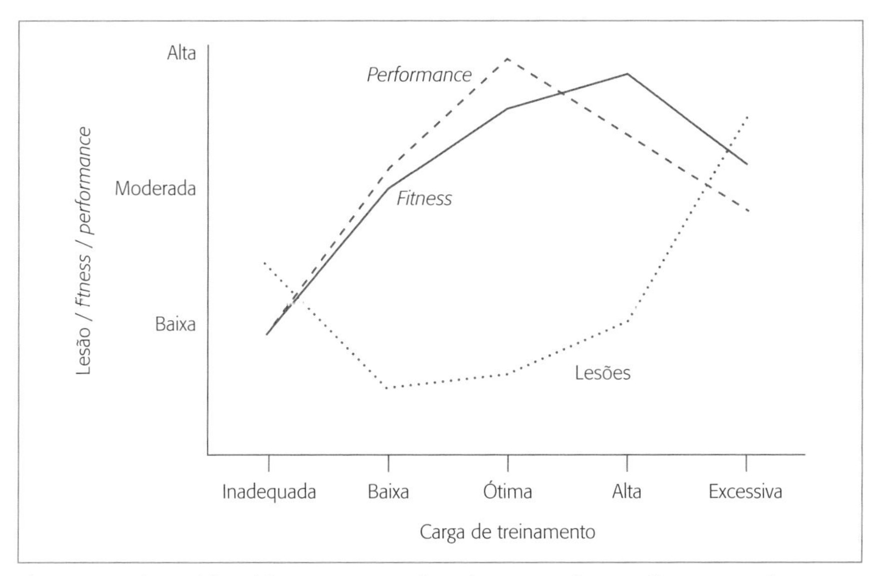

Figura 2 Relação hipotética entre carga de treinamento, lesões, *fitness* e *performance*.
Fonte: adaptada de Orchard, 2012[19].

o treinamento. No que diz respeito à curva de *fitness*, quanto mais um atleta treina (maior carga de treinamento), maior aptidão física ele terá até um certo ponto, como carga excessiva, em que a chance de desenvolver *overtraining* é realmente alta e a aptidão física sofre redução. Em relação à curva de lesões, se o atleta apresentar uma carga de treinamento inadequada, apresentará um índice de lesões relativamente alto, assim como se o atleta treinar com cargas altas e excessivas, quando comparado com regimes de treino com cargas baixas a ótimas. Se a curva da *performance* é a combinação entre a aptidão física menos as lesões, é importante uma carga de treinamento ótima para atingir o mais alto patamar de *performance*, em que o risco de lesões é pequeno e a aptidão física é alta.

Voltando especificamente aos programas de condicionamento extremo, como o *cross-training* e o CrossFit, a necessidade de determinar a carga ótima de treinamento e evitar a carga excessiva torna-se algo ainda mais desafiador para o atleta e seu *coach*, uma vez que os programas são comumente estruturados em altas intensidades de exercício. Apesar disso, marcadores psicológicos, bioquímicos, fisiológicos, neuromusculares e de *performance* física parecem ser sensíveis a mudanças nas cargas de treinamento e competição[20]. Como descrito em capítulos anteriores, o monitoramento da carga de treinamento em programas de condicionamento extremo por meio de marcadores bioquímicos ou fisiológicos, muito utilizados no meio esportivo, apresenta algumas limitações. Nesse sentido, a utilização de marcadores psicológicos pode ser de grande valia para o monitoramento e o controle da carga de treinamento para atingir a maior *performance* e prever lesões ou doenças. Neste capítulo, exploram-se os marcadores psicológicos para a quantificação da carga interna do treinamento (PSE da sessão) como forma de prevenção de lesões e/ou doenças.

A grande maioria das pesquisas disponíveis que relacionaram a carga de treinamento com a incidência de lesões é de estudos com esportes de equipe, como o futebol e o rúgbi; assim, a transferência para programas de condicionamento extremo deve ser realizada de forma cautelosa. Os períodos de intensificação das cargas de treinamento, como pré-temporada, intensa competição e retorno aos treinos de atletas após lesão, são potencialmente críticos para aumentar o risco de lesão[21]. Outro ponto-chave do treinamento e competição que merece destaque é o efeito das cargas de treinamento acumuladas a longo prazo (carga de treino crônica) e a incidência de lesões[21]. Por último, as alterações agudas da carga de treinamento (semana para semana), independentemente da fase de treinamento, também merecem especial atenção no que diz respeito ao risco de lesões e doenças[21]. Além da quantificação da carga de treinamento, outras medidas, como monotonia, estresse do treinamento (monotonia *vs.*

carga de treinamento semanal) e a razão entre cargas de treinamento agudas e crônicas podem ser preditores mais robustos de lesão, uma vez que consideram objetivamente o acúmulo da carga de treinamento e sua variabilidade[21]. Apresentam-se, em seguida, diferentes relações existentes na literatura entre carga de treinamento e lesões.

Carga de treinamento interna e lesões: valores absolutos

Já está estabelecida na literatura uma relação forte entre carga de treinamento (avaliada por meio da PSE da sessão) e lesões esportivas durante uma temporada. Além disso, também já foi observado que uma redução da carga de treinamento reduz consideravelmente a taxa de lesões[22]. Com o objetivo de compreender melhor essa relação, pesquisas realizadas na modalidade de rúgbi investigaram a existência de uma carga de treinamento (valores absolutos, UA) que pode estar diretamente relacionada com o aumento da incidência de lesões[23,24]. Os autores observaram que uma carga de treinamento semanal maior que 1.245 UA ou cargas cumulativas de quatro semanas maiores que 8.651 UA estavam associadas com alto risco de lesões. É interessante notar que a maior relação entre lesões e carga de treinamento foi observada em treinos de força e potência (realizados em espaços fora do campo), em comparação com os treinos de campo. Esses dados sugerem que o treino de força e potência com altas cargas de treinamento pode contribuir para um maior índice de lesões. Considerando que os programas de condicionamento extremo apresentam uma componente de força e potência muito elevada, esses cuidados devem ser muito bem gerenciados para minimizar o risco de lesões.

Gabbett[25] também usou a PSE da sessão para desenvolver um modelo que relaciona a carga de treinamento em diferentes fases da temporada com o risco de lesões. Com esse modelo, observou que os atletas apresentaram 50 a 80% mais risco de lesão quando a carga de treino semanal se encontrava entre 3.000 e 5.000 UA no período de pré-temporada e sobrecarga. Entretanto, esse limiar de carga de treinamento era consideravelmente reduzido para 1.700-3.000 UA na fase competitiva da temporada. Resultados semelhantes durante a pré-temporada e a fase competitiva foram encontrados em atletas de futebol australiano, nos quais se observou que uma carga de treinamento semanal maior que 2.000 UA por duas semanas consecutivas ou uma carga de treinamento semanal maior que 1.750 UA aumentava o risco de lesões[26]. Entretanto, Harrison e Johnston[26] alertam que indivíduos com baixa frequência de treinamento e, por consequência, cargas de treinamento semanal menores que 1.250 UA, também apresentam um risco aumentado de lesão, além de não melhorarem a condição física (necessidade de 1.600 UA para apresentarem melhorias).

Como se pode observar pelos dados apresentados anteriormente, o risco de lesão foi calculado simplesmente com o uso de valores absolutos de carga de treinamento, o que pode ser totalmente influenciado pela frequência semanal de treinos, a característica do esporte ou mesmo as respostas individuais do atleta. Assim, recomenda-se que, quando for usada a carga de treinamento absoluta, utilize-se o acúmulo de semanas como análise (aproximadamente 2.000 UA semanais por 2 a 4 semanas). Entretanto, valores semanais entre 1.700 e 2.000 UA também são descritos nas pesquisas apresentadas como potencialmente perigosos para o desenvolvimento de lesões. A Figura 3 apresenta a carga de treinamento semanal (PSE da sessão; soma dos dias de treino na semana) durante seis semanas.

Considerando apenas valores absolutos, as semanas 4 e 6 apresentam uma carga de treinamento superior à faixa de 1.700-2.000 UA (faixa cinza), o que pode indicar um risco aumentado de lesão nas semanas seguintes. Além disso, ao considerar o acúmulo de cargas, observa-se que o somatório das cargas de treinamento entre as semanas 4 e 6 foi de 6.300 UA, o que corresponde a uma média semanal superior a 2.000 UA (2.100 UA), o que também pode indicar um risco aumentado de lesões após esse período de treinamento.

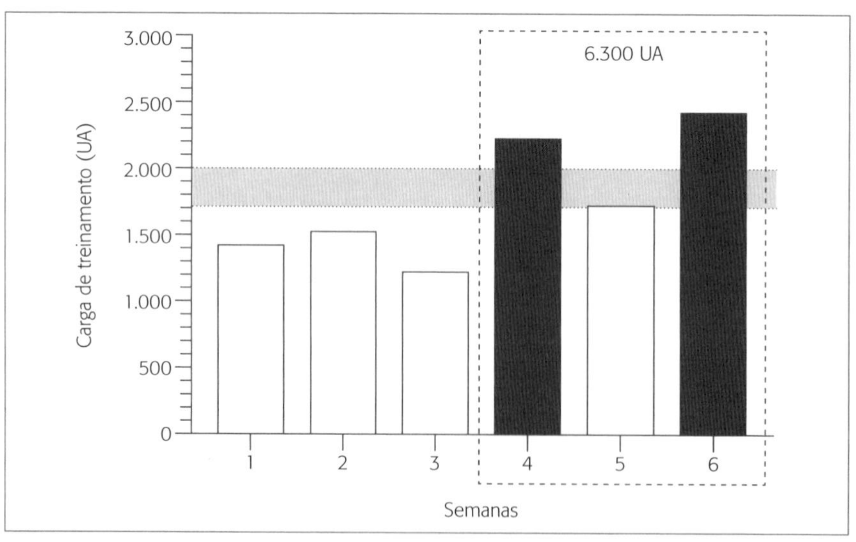

Figura 3 Carga de treinamento semanal durante seis semanas calculada por meio da PSE da sessão. A faixa cinza representa os valores entre 1.700 e 2.000 UA, correspondente a valores absolutos com probabilidade aumentada de lesão. As barras pretas representam semanas com carga semanal maior que 2.000 UA. O retângulo tracejado representa um período de carga de treinamento acumulado em três semanas com média superior a 2.000 UA.

Carga de treinamento interna e lesões: alterações semana a semana

Mesmo com a existência de relação entre a carga de treinamento absoluta e o risco de lesões, *coaches* também devem considerar o modo como as alterações semana a semana da carga de treinamento influenciam o risco de lesões. Continuando com estudo em futebol australiano, Piggot et al.[27] demonstraram que 40% das lesões estão associadas com uma rápida alteração na carga de treinamento na semana anterior, aumento esse de aproximadamente 10%. Quando a carga de treinamento se mantém constante (alterando entre 5% a menos e 10% a mais que a semana anterior), os atletas apresentam uma redução de 10% de probabilidade de lesão. Entretanto, quando a carga de treinamento aumenta mais que 15%, o risco de lesão aumenta para 21 a 49%[22]. Esses aumentos elevados de carga de treinamento são comumente chamados de *spikes*, ou seja, um aumento abrupto da carga de treinamento em relação à semana anterior que aumenta a probabilidade de lesão na semana seguinte. Como forma de exemplo, se em uma determinada semana a carga de treinamento foi de 1.600 UA e a semana seguinte foi de 2.000, ocorreu um aumento de 25%, ou seja, a semana de 2.000 UA é considerada um *spike* e atenção especial deve ser dada na semana seguinte para evitar lesão (Figura 4). Por

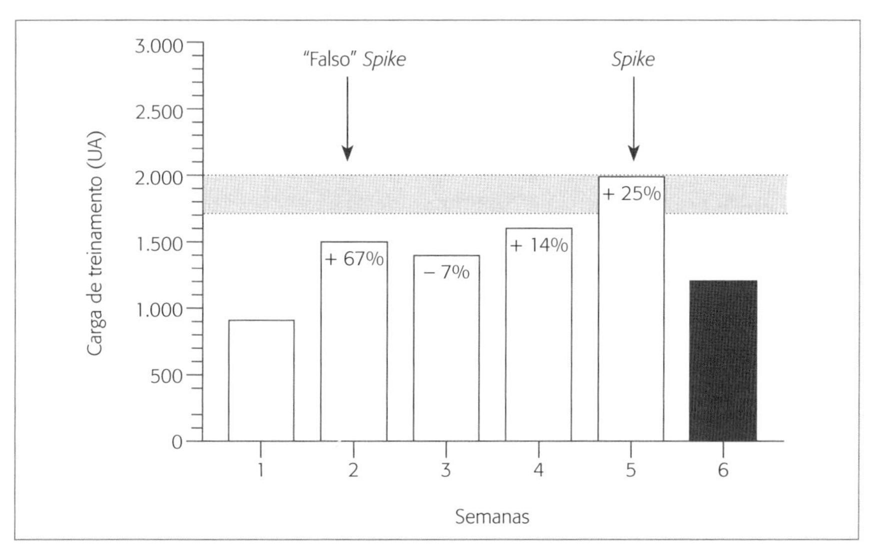

Figura 4 Carga de treinamento semanal durante seis semanas calculada por meio da PSE da sessão e respectivo percentual de alteração em relação à semana anterior. A semana 2 é considerada um "falso" *spike*, porque é precedida de uma semana com carga de treinamento muito baixa. A semana 5 é considerada um *spike* por apresentar um aumento em relação à semana anterior maior que 15%. A barra preta representa a semana em que é necessária a atenção especial para evitar lesão.

outro lado, um *spike* após uma semana com carga de treinamento muito baixa (semanas 1 e 2 da Figura 4) não é problemático para o risco de lesão, sendo considerado um falso *spike*.

Os programas de condicionamento extremo têm a particularidade de serem realizados em ambientes diferenciados e com uma variação de treinamento muito grande entre sessões ou mesmo semanas. Dessa forma, a avaliação de *spikes* deve ser reforçada, uma vez que existe a tendência de que isso possa ocorrer. Uma forma interessante de não fazer um diagnóstico errado de *spikes* é sua análise em conjunto com a carga de treinamento absoluta. Dessa forma, por um lado, se ocorre um aumento superior a 15% na carga interna semanal, mas a carga absoluta ainda continua baixa, pode ser considerado um falso *spike*. Por outro lado, a associação entre o aumento da carga de treinamento maior que 15% e valores absolutos maiores que 2.000 UA pode apresentar um risco aumentado de lesão.

Carga de treinamento interna e lesões: razão aguda:crônica da carga de treinamento

Como descrito anteriormente, tanto a carga de treinamento semanal como a carga de treinamento acumulada em várias semanas podem ser utilizadas para avaliar o risco de lesão em um atleta. Nesse sentido, surgiu um novo método de quantificação do risco de lesão com excelentes perspectivas. A carga de treinamento semanal é considerada a carga de treinamento aguda (relativa ao estado de fadiga), ao passo que as acumuladas em 3 a 6 semanas são consideradas as cargas de treinamento crônicas (relativas ao estado de condição física)[22]. A comparação das cargas de treinamento agudas com as crônicas como uma razão (aguda:crônica) fornece um índice de preparação do atleta. Por um lado, se a carga de treinamento aguda estiver baixa (pouca fadiga) e a carga de treinamento crônica estiver alta (o atleta está desenvolvendo a condição física), o indivíduo estará em um estado bem preparado. Por outro lado, se a carga de treinamento aguda estiver alta (fadiga) e a carga de treinamento crônica estiver baixa (treinamento inadequado para desenvolver a condição física), o atleta entrará em um estado de fadiga, aumentando o risco de lesões. A utilização da razão aguda:crônica da carga de treinamento enfatiza tanto os aspectos positivos como os negativos das consequências do treinamento. Ainda mais importante, considera a carga de treinamento que o atleta está realizando em relação ao treinamento que ele está preparado para realizar[28].

Recomenda-se o cálculo da carga de treinamento crônica como a média de quatro semanas de treinamento. Ao dividir a carga de treinamento aguda pela crônica, será apresentado um resultado menor que 1 (sem unidade) quando a carga de treinamento crônica é maior que a aguda, igual a 1 quando as cargas de treinamento são iguais e maior que 1 quando a carga de treinamento aguda é maior que a crônica. Na Figura 5, pode-se observar que na semana 5 a razão aguda:crônica foi de 1,6 (cálculo da carga de treinamento crônica em 4 semanas, com base na Figura 5A), o que pode ser entendido como um risco aumentado para lesões ou doenças.

Blanch e Gabbett[29] desenvolveram um guia para a interpretação da razão aguda:crônica das cargas de treinamento, com base em estudos com futebol australiano, rúgbi e críquete (Figura 6). Valores entre 0,8 e 1,3 são considerados ideais e com baixo risco de lesões, ao passo que razões superiores a 1,5 representam uma zona perigosa para o risco de lesões.

Recentemente, Williams et al.[30] propuseram o uso de médias móveis ponderadas exponencialmente em detrimento de uma média aritmética para o cálculo da carga de treinamento crônica. Esse novo método procura atribuir mais peso às últimas semanas de treinamento em relação às iniciais para calcular a carga de treinamento crônica, ao passo que a média aritmética atribui peso igual em todas as semanas para o cálculo. O novo método apresentou maior sensibilidade para detectar aumentos na probabilidade de lesão em altos valores da razão aguda:crônica de cargas de treinamento (> 1,5)[31]. Entretanto, o cálculo por meio de médias móveis ponderadas exponencialmente não apresenta praticidade no dia a dia, o que pode fazer com que seja menos utilizada. É possível que em diferentes esportes existam diferentes relações entre a carga

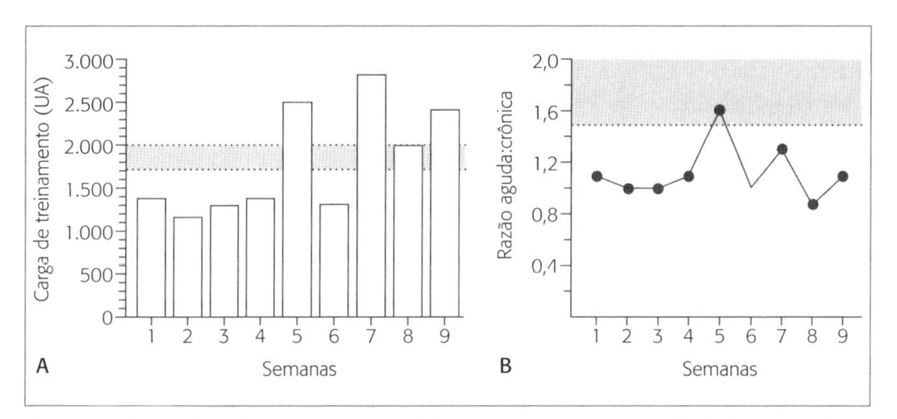

Figura 5 Carga de treinamento semanal durante nove semanas calculada por meio da PSE da sessão (A) e respectiva razão aguda:crônica da carga de treinamento (B). A razão aguda:crônica das semanas 1 a 3 foi calculada com dados não apresentados, uma vez que foi considerado que a carga de treinamento crônica correspondia à média de quatro semanas. A faixa cinza corresponde a uma razão superior a 1,5, que representa risco aumentado de lesões.

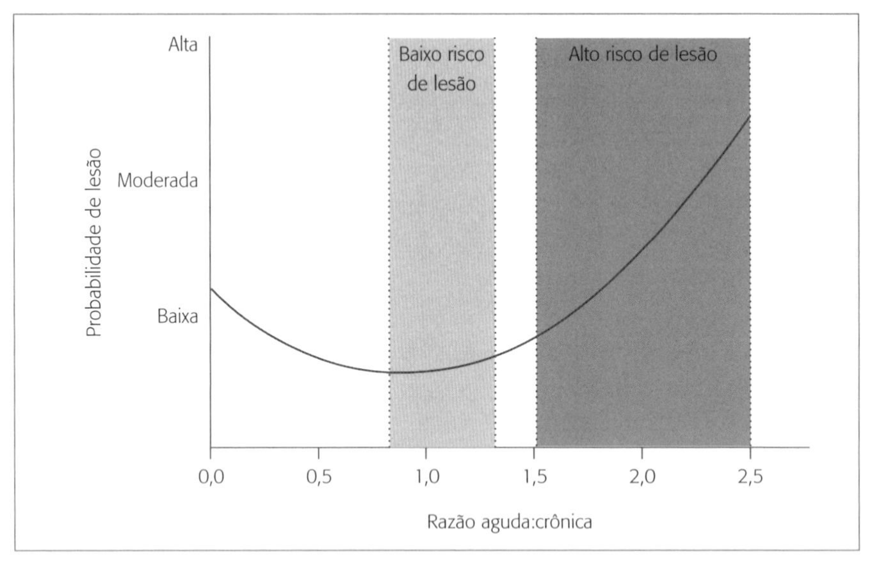

Figura 6 Guia para interpretação da razão aguda:crônica da carga de treinamento adaptado de Blanch e Gabbett. A área cinza claro (0,8 a 1,3) representa a razão aguda:crônica da carga de treinamento em que o risco de lesão é baixo. A área cinza escuro (> 1,5) representa a razão aguda:crônica da carga de treinamento em que o risco de lesão é alto.

de treinamento e as lesões, ou seja, todos esses dados devem ser utilizados com precaução em programas de condicionamento extremo, que pode não ter as mesmas relações. Entretanto, em decorrência da falta de dados, a aproximação é válida para utilização na tomada de decisões.

Carga de treinamento interna e lesões: monotonia e estresse do treinamento

A monotonia e o estresse do treinamento são variáveis que derivam da análise da carga de treinamento, como explicado no Capítulo 4. Aumentos abruptos na monotonia do treino (> 2,0) e no estresse do treinamento estão associados a 77 e 89% de aumento de lesões e doenças comuns dos atletas, respectivamente[8]. Assim, um aumento abrupto na monotonia e no estresse do treinamento são considerados fatores de risco para lesões e doenças de atletas.

Não se pode terminar este capítulo sem chamar a atenção para os tipos de doenças mais comuns nos atletas. Em todo o capítulo, o termo doenças foi usado muitas vezes em conjunto com lesões. Entretanto, é importante deixar claro que a grande maioria das doenças observadas pelos atletas é autoimune, decorrente da imunossupressão induzida pelo treinamento, sendo as mais comuns as infecções do trato respiratório superior. Essas doenças também podem levar o atleta ao afastamento dos treinos e das competições e, por isso, de forma alguma, devem ser desprezadas por parte de atletas e *coaches*.

Por último, é importante destacar novamente que todos os estudos apresentados sobre a relação entre carga de treinamento e lesões ou doenças não foram realizados em programas de condicionamento extremo, como o *cross-training* ou o CrossFit. O que se pretende é utilizar os dados disponíveis e transferir para esse tipo de programa. O próximo capítulo será baseado nessa premissa, procurando elucidar como realizar o monitoramento das cargas de treinamento em programas de condicionamento extremo, monitoramento que, pela natureza da modalidade, é complexo em sua realização no dia a dia.

Referências bibliográficas

1. Halson SL. Monitoring training load to understand fatigue in athletes. Sports Med. 2014;44 (Suppl 2):S139-47.
2. Avalos M, Hellard P, Chatard JC. Modeling the training-performance relationship using a mixed model in elite swimmers. Med Sci Sports Exerc. 2003;35(5):838-46.
3. Foster C, Daines E, Hector L, Snyder AC, Welsh R. Athletic performance in relation to training load. Wis Med J. 1996;95(6):370-4.
4. Banister EW, Calvert TW. Planning for future performance: implications for long-term training. Can J Appl Sport Sci. 1980;5(3):170-6.
5. Stewart AM, Hopkins WG. Seasonal training and performance of competitive swimmers. J Sports Sci. 2000;18(11):873-84.
6. Foster C, Daniels JT, Yarbrough RA. Physiological and training correlates of marathon running performance. Aust J Sports Med. 1977;9:58-61.
7. Mujika I, Chatard JC, Busso T, Geyssant A, Barale F, Lacoste L. Effects of training on performance in competitive swimming. Can J Appl Physiol. 1995;20(4):395-406.
8. Foster C. Monitoring training in athletes with reference to overtraining syndrome. Med Sci Sports Exerc. 1998;30(7):1164-8.
9. Gabbett TJ. Influence of training and match intensity on injuries in rugby league. J Sports Sci. 2004;22(5):409-17.
10. Vleck VE, Bentley DJ, Millet GP, Cochrane T. Triathlon event distance specialization: training and injury effects. J Strength Cond Res. 2010;24(1):30-6.
11. Wilson F, Gissane C, Gormley J, Simms C. A 12-month prospective cohort study of injury in international rowers. Br J Sports Med. 2010;44(3):207-14.
12. Drew MK, Finch CF. The relationship between training load and injury, illness and soreness: a systematic and literature review. Sports Med. 2016;46(6):861-83.
13. Impellizzeri FM, Rampinini E, Marcora SM. Physiological assessment of aerobic training in soccer. J Sports Sci. 2005;23(6):583-92.

14. Allen DG, Lamb GD, Westerblad H. Skeletal muscle fatigue: cellular mechanisms. Physiol Rev. 2008;88(1):287-332.
15. Cunniffe B, Hore AJ, Whitcombe DM, Jones KP, Baker JS, Davies B. Time course of changes in immuneoendocrine markers following an international rugby game. Eur J Appl Physiol. 2010;108(1):113-22.
16. Meeusen R, Duclos M, Foster C, Fry A, Gleeson M, Nieman D, et al. Prevention, diagnosis, and treatment of the overtraining syndrome: joint consensus statement of the European College of Sport Science and the American College of Sports Medicine. Med Sci Sports Exerc. 2013;45(1):186-205.
17. Johnston RD, Gabbett TJ, Jenkins DG. Influence of an intensified competition on fatigue and match performance in junior rugby league players. J Sci Med Sport. 2013;16(5):460-5.
18. Timpka T, Jacobsson J, Ekberg J, Finch CF, Bichenbach J, Edouard P, et al. Meta--narrative analysis of sports injury reporting practices based on the Injury Definitions Concept Framework (IDCF): a review of consensus statements and epidemiological studies in athletics (track and field). J Sci Med Sport. 2015;18(6):643-50.
19. Orchard J. Who is to blame for all the football injuries? Br J Sports Med, guest blog, 2012. Disponível em: http://blogs.bmj.com/bjsm/2012/06/20/who-is-to-blame--for-all-the-football-injuries/. Acesso em: 28 abr. 2017.
20. Gabbett TJ, Whyte DG, Hartwig TB, Wescombe H, Naughton GA. The relationship between workloads, physical performance, injury and illness in adolescent male football players. Sports Med. 2014;44(7):989-1003.
21. Jones CM, Griffiths PC, Mellalieu SD. Training load and fatigue marker associations with injury and illness: a systematic review of longitudinal studies. Sports Med. 2017;47(5):943-974.
22. Gabbett TJ. The training-injury prevention paradox: should athletes be training smarter and harder? Br J Sports Med. 2016;50(5):273-80.
23. Cross MJ, Williams S, Trewartha G, Kemp SP, Stokes KA. The influence of in-season training loads on injury risk in professional Rugby Union. Int J Sports Physiol Perform. 2016;11(3):350-5.
24. Gabbett TJ, Jenkins DG. Relationship between training load and injury in professional rugby league players. J Sci Med Sport. 2011;14(3):204-9.
25. Gabbett TJ. The development and application of an injury prediction model for noncontact, soft-tissue injuries in elite collision sport athletes. J Strength Cond Res. 2010;24(10):2593-603.
26. Harrison PW, Johnston RD. The relationship between training load, fitness and injury over an Australian rules football preseason. J Strength Cond Res. 2017 Jan 30. [Epub ahead of print].

27. Piggott B, Newton MJ, McGuigan MR. The relationship between training load and incidence of injury and illness over a pre-season at an Australian Football League club. J Aust Strength Cond. 2009;17:4-17.
28. Hulin BT, Gabbett TJ, Blanch P, Chapman P, Bailey D, Orchard JW. Spikes in acute workload are associated with increased injury risk in elite cricket fast bowlers. Br J Sports Med. 2014;48(8):708-12.
29. Blanch P, Gabbett TJ. Has the athlete trained enough to return to play safely? The acute:chronic workload ratio permits clinicians to quantify a player's risk of subsequent injury. Br J Sports Med. 2016;50(8):471-5.
30. Williams S, West S, Cross MJ, Stokes KA. Better way to determine the acute:chronic workload ratio? Br J Sports Med. 2016.
31. Murray NB, Gabbett TJ, Townshend AD, Blanch P. Calculating acute:chronic workload ratios using exponentially weighted moving averages provides a more sensitive indicator of injury likelihood than rolling averages. Br J Sports Med. 2016.

CAPÍTULO 6

Aplicações práticas no controle da carga de treinamento

Nuno Manuel Frade de Sousa
Ramires Alsamir Tibana

OBJETIVOS

- Identificar os princípios-chave no controle da carga de treinamento para reduzir o risco de lesão e doenças.
- Entender cada princípio-chave e sua influência na *performance* e risco de lesão e doenças.
- Compreender a aplicação prática de cada princípio-chave para minimizar o risco de lesão ou doenças.
- Permitir a reflexão sobre a aplicação dos princípios-chave no controle da carga de treinamento em programas de condicionamento extremo.

Introdução

O presente capítulo procura estabelecer aplicações práticas no controle da carga de treinamento em programas de condicionamento extremo. O capítulo é traduzido e adaptado do *Best practice handbook*, do Australian Institute of Sports (AIS), idealizado como um projeto multidisciplinar envolvendo profissionais da nutrição esportiva, medicina, fisiologia, fisioterapia e de força e condicionamento[1]. Agradecemos ao AIS pela cessão dos direitos autorais (*copyright*) para a elaboração deste importante capítulo.

A maioria dos *coaches* concordará que uma ótima *performance* atlética requer uma preparação adequada e de qualidade, assim como atletas livres de lesões e doenças. Como mencionado nos capítulos anteriores, as cargas de treinamento têm o potencial de proteger os atletas do risco ou aumento do risco de lesões e doenças[2,3]. As cargas de treinamento tanto altas como baixas estão associadas com o aumento da probabilidade de lesão quando comparadas com cargas crônicas moderadas, que podem proteger os atletas de lesão[4]. Assim, os erros nas cargas de treinamento podem expor atletas ao risco aumentado de lesão[1]. É reconhecido que erros podem ocorrer na tentativa de alcançar a *performance* atlética máxima. Ou seja, aceitar alguns riscos faz parte da busca pela mais alta *performance* física. Entretanto, os atletas podem evitar erros nas cargas de treinamento associadas com o alto risco de lesão, como as muito baixas ou muito altas. Para que isso seja evitado, um controle minucioso deve ser feito desde o início da temporada, assim como a análise dos registros de temporadas anteriores. Foi com esse objetivo que foram apresentadas as recomendações práticas de monitoramento da carga de treinamento, assim como sua interpretação, com o objetivo de evitar lesões.

O primeiro ponto é identificar os princípios-chave no controle da carga de treinamento para reduzir o risco de lesão e doenças. Dessa forma, são apresentados os princípios-chave fundamentais para o adequado controle.

Questão 1. Quais são os princípios-chave no controle da carga de treinamento para reduzir o risco de lesão e doenças?

1. Estabeleça cargas de treinamento crônicas moderadas e assegure sua manutenção.
Cargas de treinamento moderadas para altas protegem contra lesão, se atingidas de forma segura.

2. Esteja ciente de que as lesões podem ser latentes após um aumento de cargas de treinamento.
O risco de lesão pode estar aumentado até quatro semanas após um *spike* (aumento elevado da carga de treinamento em relação à semana anterior) agudo na carga de treinamento.

3. Minimize largas flutuações de semana para semana.
Altas alterações (*spikes* agudos) nas cargas de treinamento aumentam o risco de lesão em até um mês após o *spike*.

4. Estabeleça um piso e um teto de segurança.
Estabelecer um piso (carga mínima de treinamento) assegura que os padrões de treinamento mínimos sejam atingidos e o risco de lesão esteja reduzido. Estabelecer um teto (carga máxima de treinamento) assegura que o risco de lesão esteja reduzido.

5. Assegure-se que as cargas de treinamento sejam apropriadas para seu atleta e sua atual situação.
Atletas mais jovens são menos capazes de tolerar altas cargas de treinamento e requerem longos períodos para atingir essas cargas de forma segura (estudos com esportes coletivos). A prescrição da carga de treinamento deve considerar idade, maturidade esquelética e história de treinamento do atleta.

A gestão adequada da carga de treinamento do atleta aumenta sua habilidade de treinar ininterruptamente, um passo crucial para otimizar a *performance* física. Erros nas cargas de treinamento podem alterar a rotina de treinamento, influenciando negativamente a *performance*. O conhecimento dos erros na carga de treinamento pode evitar o afastamento do atleta dos treinos. No caso das cargas de treinamento, os erros podem ocorrer na tentativa de atingir a *performance* atlética máxima e aceitar esse tipo de risco. Com exceção desse caso, o erro seria não ajustar as cargas de treinamento com o conhecimento dos riscos. Os erros nas cargas de treinamento, causados pela falta de boas informações, geralmente ocorrem após períodos de baixa ou alta carga de treinamento.

Questão 2. O que é preciso saber sobre erros na carga de treinamento?

1. As baixas cargas de treinamento ocorrem, normalmente, por duas situações:
a) O atleta não completou treinos suficientes para atender às exigências atuais do treinamento ou da competição. Neste caso, a carga de treinamento crônico (a base do treinamento) não é suficiente para proteger o atleta de lesões. Esta situação leva a um *spike* na carga de treinamento.
b) O atleta passou por um período de *tapering*, reabilitação ou descanso programado e retomou o treinamento em um nível maior que sua capacidade de realizar com segurança a carga de treinamento planejada.

2. As altas cargas de treinamento ocorrem, normalmente, por duas situações:
a) O atleta combina vários *spikes* com cargas de treinamento cronicamente altas. Por exemplo, aplicar um *spike* em semanas de treinamento com cargas intensificadas, conhecidas como "semanas de choque". Quando são planejados esses períodos de atividade de alto risco, recomenda-se que as cargas de treinamento planejadas sejam atingidas de forma segura.
b) O atleta aumenta substancialmente a carga de treinamento de uma semana para outra, estando associado ao aumento do risco de lesão na semana seguinte. Esse fenômeno pode ser mantido por até um mês, e isso é considerado um período de latência.

As duas situações de baixas cargas de treinamento demonstram um aumento agudo (*spike*) na carga de treinamento, excedendo a capacidade atual do atleta. O diagnóstico mais comum para essas situações é de lesão por uso excessivo. Entretanto, quando colocadas no contexto do histórico completo de treinamento, essas incidências podem agora ser atribuídas à baixa carga de treinamento crônico ou a altas cargas de treinamento agudas. Mais uma vez, demonstra a importância do acompanhamento do treinamento para evitar diagnósticos errados. Por outro lado, em situações de altas cargas de treinamento, o planejamento das cargas durante períodos de treinamento intensificado deve considerar tanto o histórico da carga de treinamento crônico do atleta como a magnitude de alteração esperada para a semana seguinte. Esses requisitos devem levar em consideração: a realização de mais treinamentos na preparação para o período de treinamento com cargas intensificadas; a realização de períodos de treinamento com cargas intensificadas controladas; a combinação entre os dois anteriores.

Questão 3. Quais são os passos para se estabelecer um programa de monitoramento da carga de treinamento para prevenção de lesões e doenças?

Passo 1. Identificar as exigências do treinamento e da competição.
Estabelecer as exigências do treinamento e da competição durante uma temporada ou múltiplas temporadas de competição é parte essencial do planejamento do *coach*. As exigências da competição devem incluir as exigências médias, assim como os piores cenários de exigências. Por exemplo, em competições de condicionamento extremo, é necessário identificar a quantidade e o período entre elas durante uma temporada. Além disso, deve ser identificada para cada competição a quantidade de provas e recuperação entre elas, uma vez que é comum cada dia de competição ter mais que uma prova.

Passo 2. Estabelecer mensurações apropriadas da carga de treinamento.
Incluir mensurações relevantes de carga de treinamento interna e, se possível, externa. No caso dos programas de condicionamento extremo, a medida interna mais prática da carga de treinamento é a percepção subjetiva de esforço (PSE) da sessão. O número de rotinas realizadas poderá ser usado como medida de carga externa em programas de condicionamento extremo.

Passo 3. Estabelecer um programa de supervisão.
Um programa de supervisão permitirá monitorar regularmente e de forma consistente as cargas de treinamento estabelecidas, assim como dados de lesão/doença e de *performance*. A consistência é muito importante, uma vez que dias de informação de carga de treinamento perdidos levam a uma representação imprecisa do risco/segurança do programa de treinamento. Idealmente, antes de se fazer qualquer conclusão definitiva e recomendações sobre estratégias de gerenciamento de carga, dados de carga diária consecutiva de pelo menos um mês devem ser coletados.

Uma vez que a estratégia de monitoramento da carga de treinamento é estabelecida, seguido os três passos mencionados anteriormente, qualquer gerenciamento ou ajuste de cargas deve seguir um fluxograma bem estruturado, de forma que nenhuma informação se perca no meio do processo. Esse fluxograma é representado na Figura 1.

Como se pode observar, o fluxograma deve sempre seguir um fluxo de Registro > Revisão > Comunicação > Modificação. Caso alguma etapa seja pulada, o risco de interpretações e aplicações erradas aumenta, o que pode influenciar na *performance* física e no risco de lesões/doenças do atleta.

Princípios-chave no gerenciamento de carga de treinamento – aplicações práticas

Um ponto muito importante que deve ser amplamente reforçado é que o monitoramento da carga de treinamento, sem o respectivo gerenciamento simultâneo, não é prevenção de lesões esportivas. Ou seja, para que haja a adequada prevenção de lesões/doenças, o gerenciamento de cargas de trei-

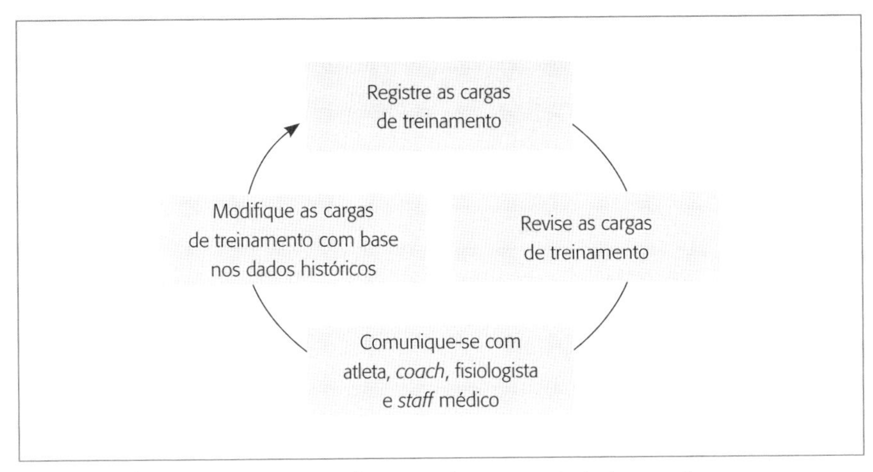

Figura 1 **Fluxograma para gerenciamento das cargas de treinamento.**

namento deve ser um importante componente do programa de treinamento. Assim, foram estabelecidos de forma prática e com base no AIS os princípios-chave no gerenciamento de carga de treinamento, que serão apresentados em seguida. Vale a pena destacar que esses princípios já foram enumerados na Questão 1 deste capítulo, mas são representados graficamente neste ponto. Para facilitar o entendimento, serão apresentadas as figuras de carga de treinamento ao longo das semanas, e a carga de treinamento poderá corresponder a um período específico de treinamento, representada por uma cor específica (Figura 2).

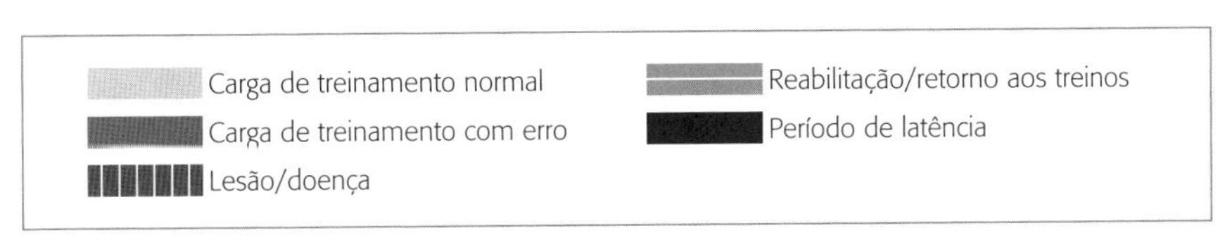

Figura 2 **Legenda para interpretação das figuras apresentadas para cada princípio-chave no gerenciamento das cargas de treinamento.**

Princípio 1. Estabeleça cargas de treinamento crônicas moderadas e garanta que elas sejam mantidas.

Por quê? Cargas de treinamento moderadas a altas protegem de lesões e doenças se atingidas de forma segura.

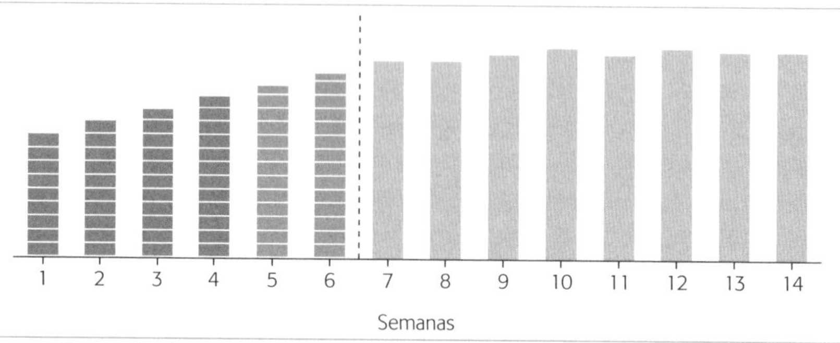

A segunda metade do gráfico acima é um bom exemplo de um atleta mantendo uma carga de treinamento moderada a alta entre as semanas 7 a 14 (barras cinza claro). Existe um padrão linear entre as semanas 1 a 6 para aumentar o volume das cargas de forma segura, o que pode representar situações em que o atleta esteja retornando de uma lesão ou descanso planejado.

Princípio 2. Esteja ciente de que as lesões podem ocorrer até um mês depois da aplicação de cargas intensas.

Por quê? O risco de lesão pode estar elevado por até quatro semanas após um *spike* agudo na carga de treinamento, em período de latência. Geralmente, lesões musculares ocorrem de uma a duas semanas após erros na carga de treinamento, para tendões dentro de três semanas e ósseas entre três e quatro semanas.

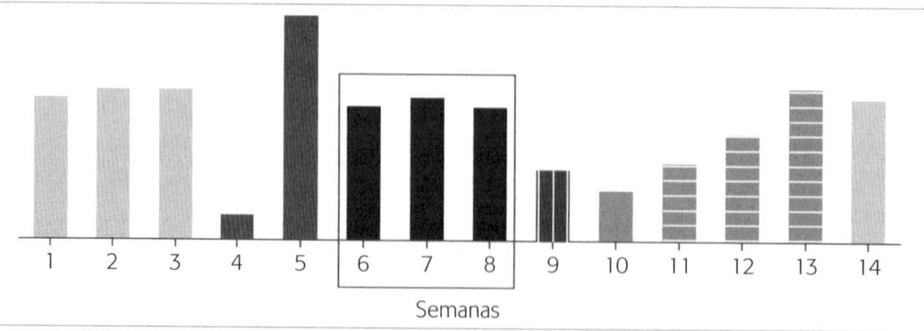

Este princípio alerta os *coaches* de que eles devem estar cientes do que os atletas realizaram nas últimas quatro semanas e do resultado provável nas quatro semanas subsequentes. As barras cinza escuro da figura anterior representam uma larga alteração semana a semana. A região dentro da caixa representa o período após o erro de treinamento em que o risco de lesão está aumentado (período de latência). A barra com listra vertical representa lesão. As barras com listras horizontais representam a reabilitação e o retorno ao treinamento após lesão.

Princípio 3. Minimize altas flutuações semana a semana.

Por quê? Grandes alterações (*spikes* agudos) na carga de treinamento aumentam o risco de lesão em até um mês após o *spikes*. Três situações que realçam este princípio são descritas a seguir.

Situação 1

Semanas de recuperação são importantes, entretanto, se a semana de recuperação for realizada com cargas muito baixas (barras cinza escuro), pode expor o atleta a risco aumentado de lesão no retorno ao treinamento normal (barras pretas).

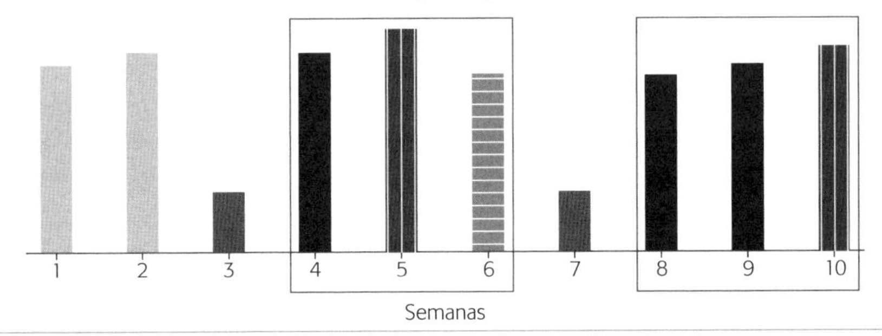

Situação 2

Se um atleta já estiver realizando cargas de treinamento moderadas a altas (barras cinza claro), um *spike* grande na carga (barra cinza escuro) representa risco substancial de lesão (barra com listras verticais).

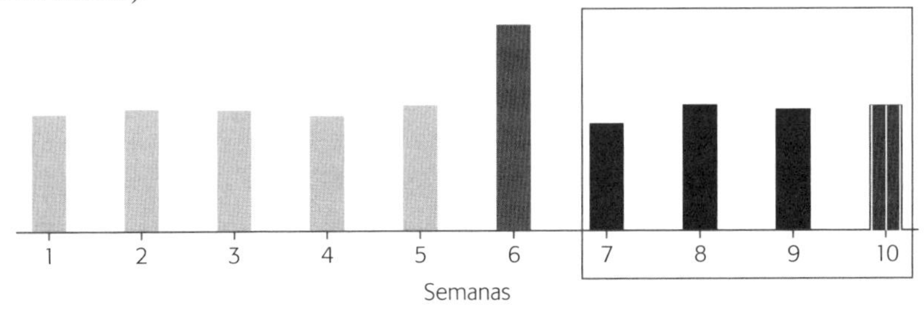

Situação 3

Se um atleta estiver realizando cargas de treinamento moderadas a altas (barras cinza claro), está protegido de lesões/doenças no caso de flutuações seguras na carga de treinamento ou eventos como semanas de recuperação ou férias (barras com listras diagonais).

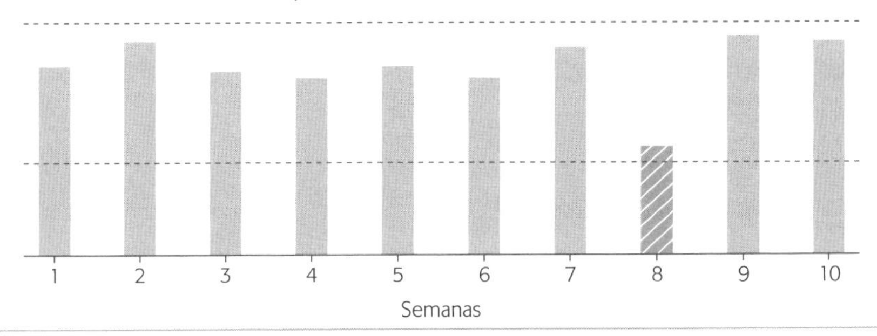

Princípio 4. Estabeleça um piso (carga mínima de treinamento) e um teto (carga máxima de treinamento) de segurança.

Por quê? Estabelecendo um piso (carga mínima de treinamento), assegura-se que os padrões de treinamento mínimos sejam atingidos e o risco de lesão seja reduzido. Estabelecer um teto (carga máxima de treinamento) também assegura que o risco de lesão esteja reduzido. O piso e o teto podem ser específicos ao esporte e ao indivíduo, e o teto pode ser aumentado gradualmente ao longo do tempo. As linhas tracejadas nos dois gráficos a seguir representam o piso e o teto para um atleta.

Situação 1

A figura a seguir demonstra alta variação nas cargas de treinamento, tanto abaixo do piso (barra branca) como acima do teto (barra cinza escuro).

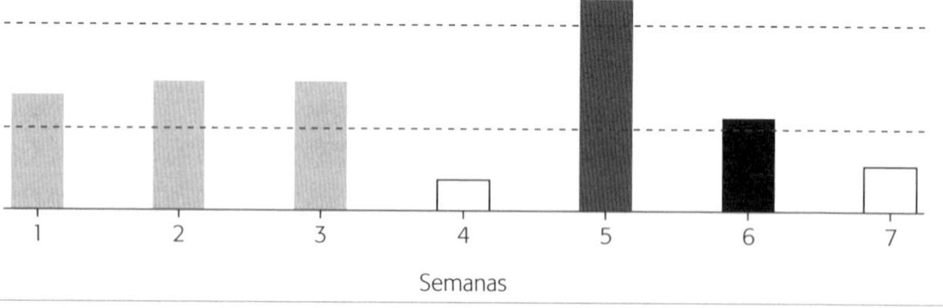

Situação 2

A figura a seguir representa cargas de treinamento consistente (barras cinza claro) dentro dos limites de segurança estabelecidos pelo piso e pelo teto de cargas (linhas tracejadas).

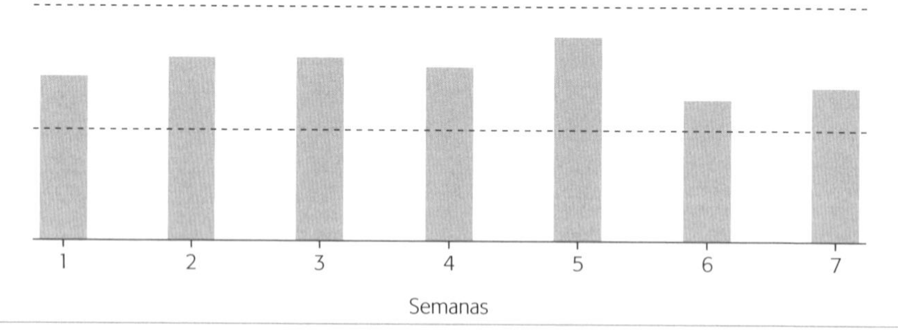

Princípio 5. Assegure-se que as cargas de treinamento aplicadas sejam apropriadas para seus atletas e sua atual situação.

Por quê? Atletas mais jovens são menos capazes de tolerar altas cargas de treinamento e requerem longos períodos para atingir essas cargas de forma segura (estudos com esportes coletivos). A prescrição da carga de treinamento deve considerar idade, maturidade esquelética e história de treinamento do atleta.

Situação 1

Atleta jovem com maior progressão de treinamento e teto de segurança menor (linha tracejada) em relação ao experiente.

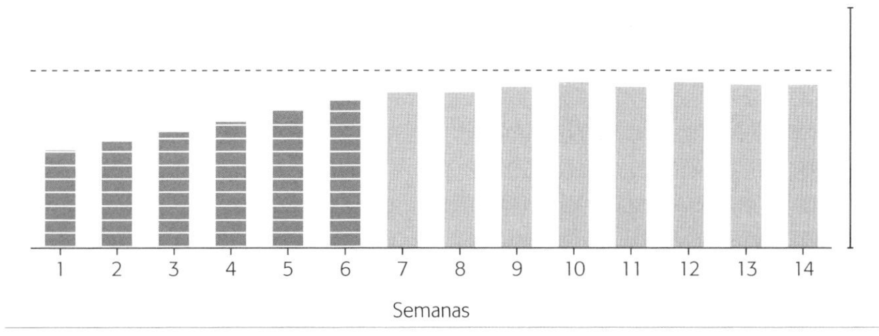

Situação 2

Atleta experiente com menor progressão de treinamento e teto de segurança maior (linha tracejada) em relação ao jovem.

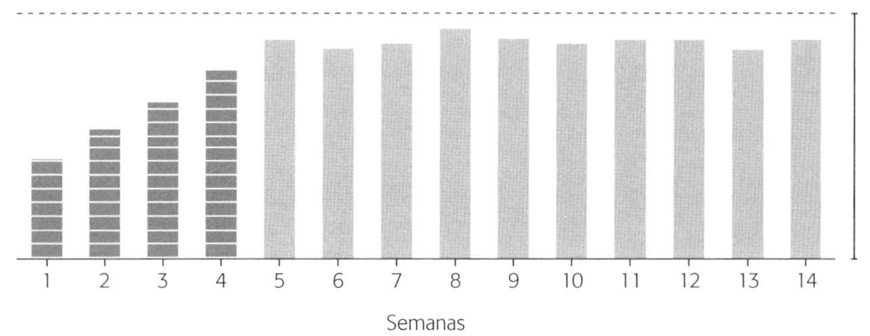

Este capítulo teve como objetivo resumir os conceitos-chave e os princípios do monitoramento e do gerenciamento da carga de treinamento, explicando como essas atividades devem ser integradas no programa de treinamento de um atleta. A correta incorporação do gerenciamento da carga de treinamento permitirá a redução do risco de lesão, consequentemente possibilitando o aumento da *performance*. Como o gerenciamento das cargas de treinamento em programas de condicionamento extremo ainda carece de maiores evidências, é fortemente encorajado que todos os *coaches* e fisiologistas do esporte discutam e decidam qual a estratégia mais adequada para seu atleta.

Referências bibliográficas

1. Drew MK, Cook J, Finch CF. Sports-related workload and injury risk: simply knowing the risks will not prevent injuries. Br J Sports Med. 2016;50:1289.
2. Dennis R, Farhart P, Goumas C, Orchard J. Bowling workload and the risk of injury in elite cricket fast bowlers. J Sci Med Sport. 2003;6(3):359-67.
3. Hulin BT, Gabbett TJ, Lawson DW, Caputi P, Sampson JA. The acute:chronic workload ratio predicts injury: high chronic workload may decrease injury risk in elite rugby league players. Br J Sports Med. 2016;50(4):231-6.
4. Cross MJ, Williams S, Trewartha G, Kemp SP, Stokes KA. The influence of in-season training loads on injury risk in professional Rugby Union. Int J Sports Physiol Perform. 2016;11(3):350-5.

CAPÍTULO 7

Exercícios comumente utilizados nos programas de condicionamento extremo

Ramires Alsamir Tibana
Nuno Manuel Frade de Sousa

OBJETIVOS

- Apresentar os principais exercícios utilizados.
- Entender a nomenclatura dos exercícios.
- Compreender os movimentos realizados durante o levantamento olímpico, os movimentos básicos de força e os exercícios gímnicos.

Exercícios de força e potência muscular

Figura 1 Agachamento posterior (*back squat*).

Figura 2 Agachamento frontal (*front squat*).

Figura 3 Agachamento de arranco (*overhead squat*).

Figura 4 Levantamento terra (*deadlift*). *(continua)*

Figura 4 *(continuação)* Levantamento terra (*deadlift*).

Figura 5 Supino reto (*bench press*). *(continua)*

Figura 5 *(continuação)* Supino reto (*bench press*).

Figura 6 Arranco (*snatch*). *(continua)*

Figura 6 *(continuação)* Arranco (*snatch*). *(continua)*

Figura 6 *(continuação)* Arranco (*snatch*).

Figura 7 Arremesso – primeira fase (*clean*). *(continua)*

Figura 7 *(continuação)* Arremesso – primeira fase (*clean*). *(continua)*

Figura 7 *(continuação)* Arremesso – primeira fase (*clean*).

Figura 8 Arremesso – segunda fase (*jerk*). *(continua)*

Figura 8 *(continuação)* Arremesso – segunda fase (*jerk*).

Figura 9 Bola na parede ou no alvo (*wall ball shots*).

Exercícios gímnicos

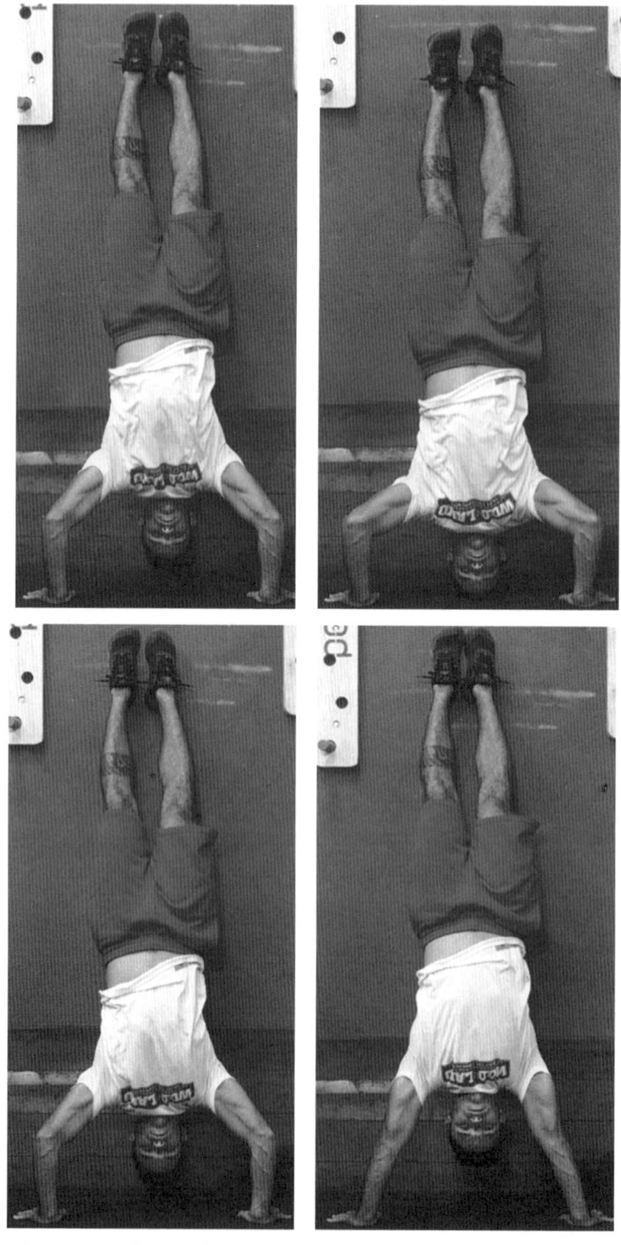

Figura 10 Flexão de parada de mão (*hand stand push-up*).

Figura 11 Flexão de braço (*push-up*). *(continua)*

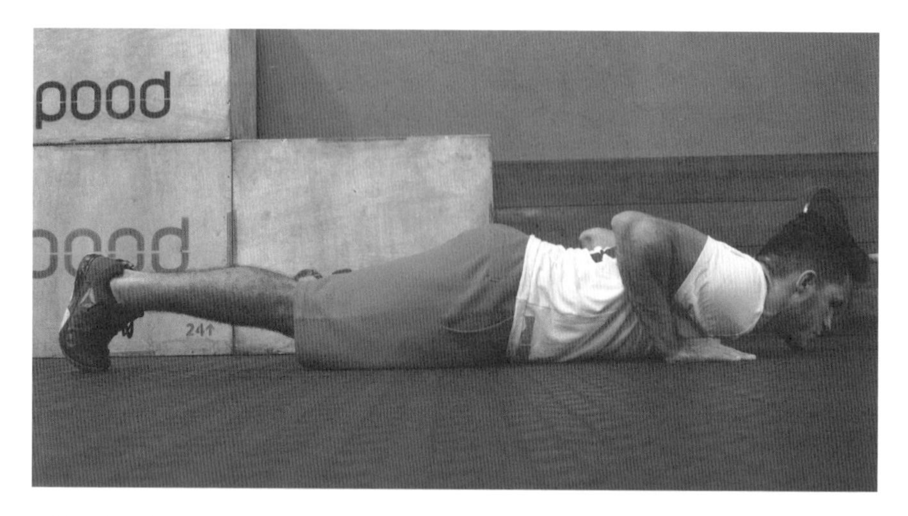

Figura 11 *(continuação)* Flexão de braço (*push-up*).

Figura 12 Subida em corda sem as pernas (*rope climb leg less*). *(continua)*

Figura 12 *(continuação)* Subida em corda sem as pernas (*rope climb leg less*).

Figura 13 Subida em corda (*rope climb*).

Figura 14 Peito na barra (*chest to bar pull-up*). *(continua)*

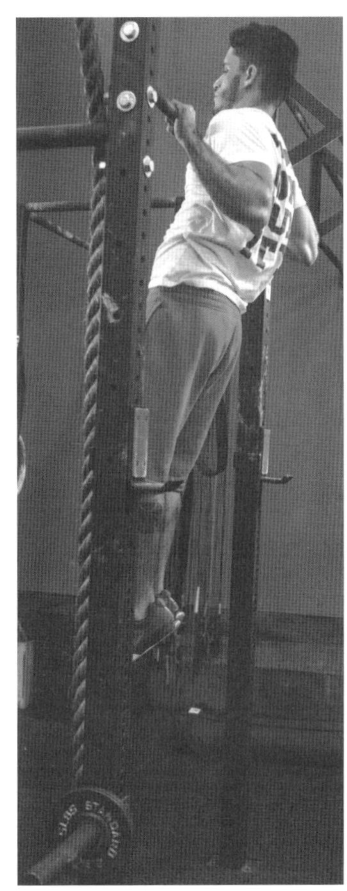

Figura 14 *(continuação)* Peito na barra (*chest to bar pull-up*).

Figura 15 Barra (*pull-up*).

(continua)

Figura 15 *(continuação)* Barra (*pull-up*).

Figura 16 Pé na barra (*toes to bar*).

Figura 17 *Muscle-up* na argola.

Figura 18 *Muscle-up* na barra fixa. *(continua)*

Figura 18 *(continuação) Muscle-up* na barra fixa.

Figura 19 Agachamento com uma perna (*pistol*). *(continua)*

Figura 19 *(continuação)* Agachamento com uma perna (*pistol*).

Figura 20 Agachamento livre (*air squat*).

Figura 21 Salto na caixa (*box jump*).

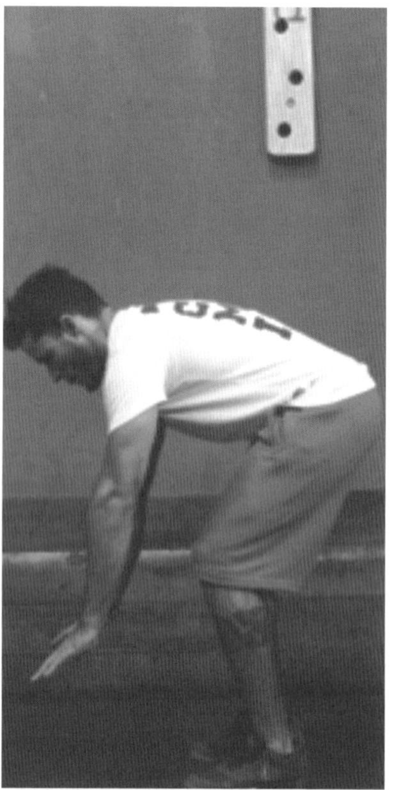

Figura 22 *Burpee.* *(continua)*

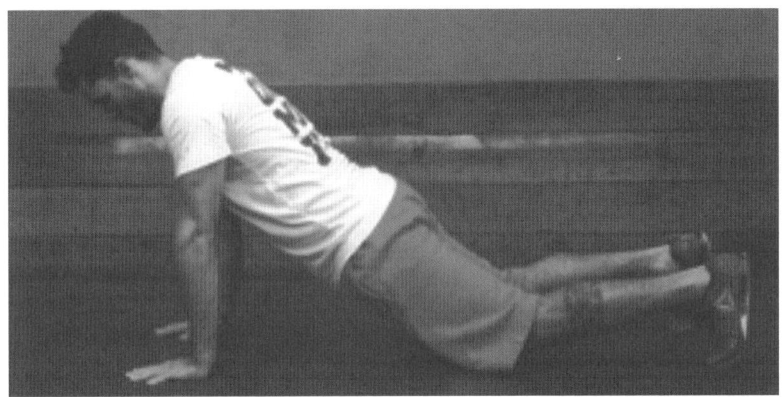

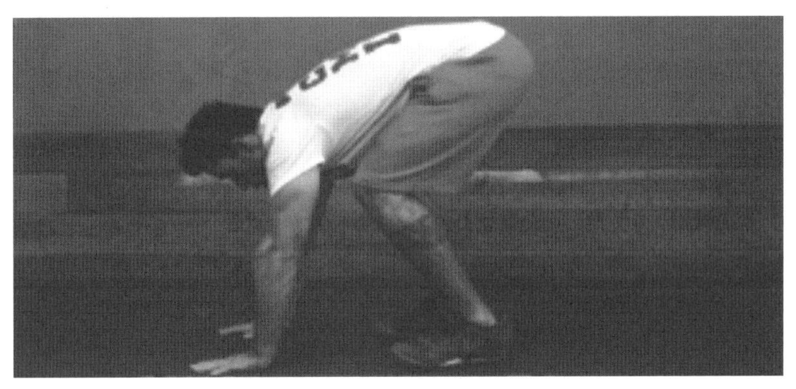

Figura 22 *(continuação) Burpee.* *(continua)*

Figura 22 *(continuação) Burpee.*

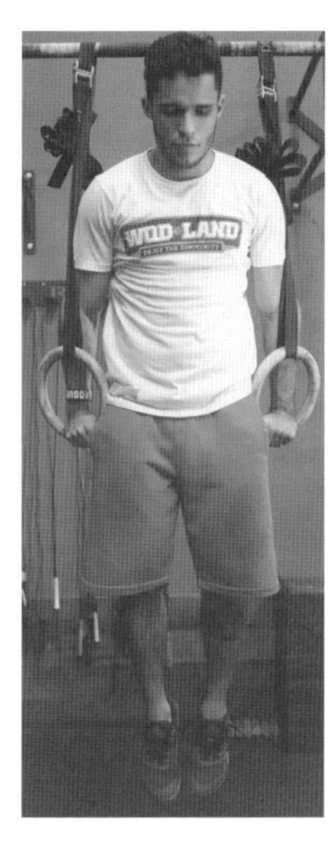

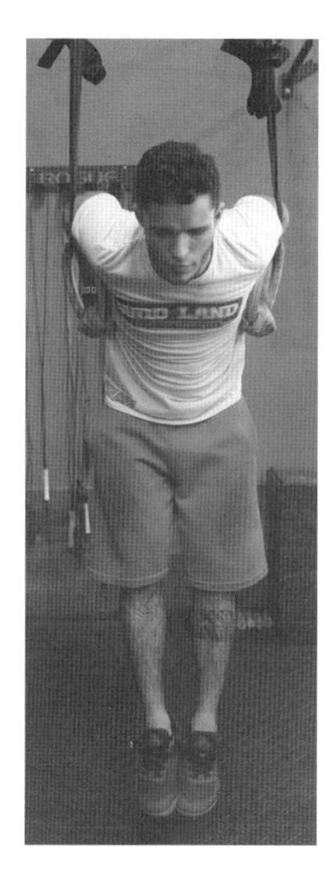

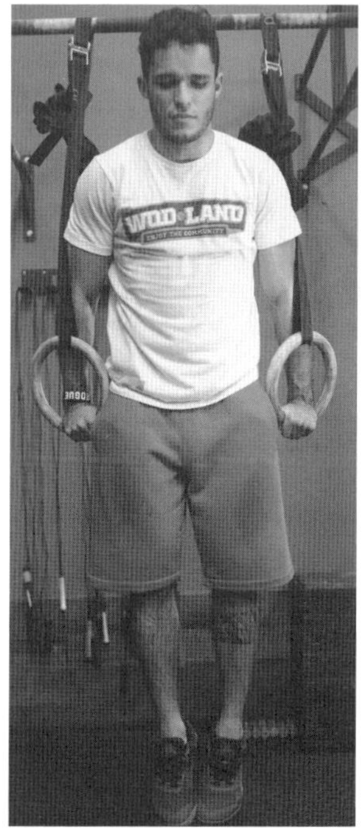

Figura 23 *Ring dips.*

Exercícios cardiovasculares

Figura 24 **Salto duplo de corda (*double under*).**

Figura 25 Remo (*row*). *(continua)*

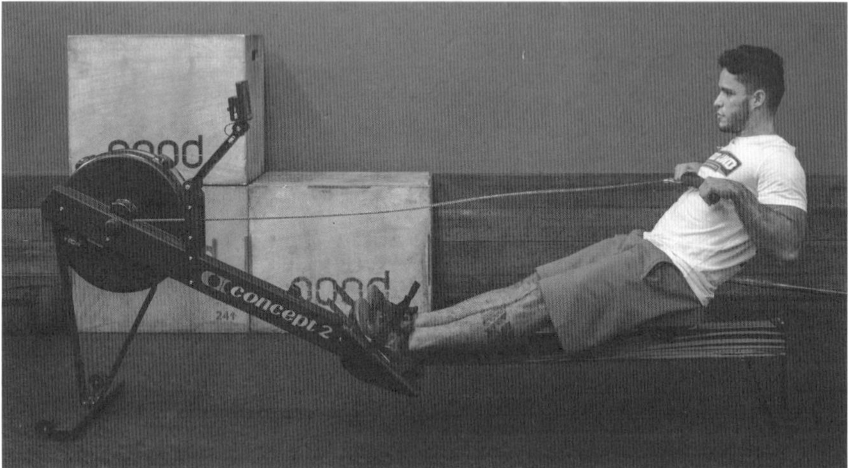

Figura 25 *(continuação)* Remo (*row*).

Índice remissivo